普通高等教育"十三五"规划教材

物理演示实验教程

何兴　唐贵平　邓　敏　廖家欣　编著

西安交通大学出版社
XI'AN JIAOTONG UNIVERSITY PRESS

内 容 简 介

　　本书根据长沙理工大学物理实验中心已开出的物理演示实验和指导教师近年教学经验而编写。内容包括力热学、电磁学和光学等几部分,总计 116 个实验项目。每个实验分别介绍了实验目的、实验装置、实验原理、演示方法与现象和思考题等。在实验项目选取上除了配合理解物理知识的传统项目外,还引入了一些能体现物理原理在古代科技和现代社会生活的实验项目,以增加实验的科普性和趣味性。本书可供普通高等学校作为开放教学中的大学物理演示实验教材使用或参考书。

图书在版编目(CIP)数据

　　物理演示实验教程 / 何兴等编著.—西安:西安交通大学出版社,2018.1(2021.7 重印)

　　ISBN 978－7－5605－7453－0

　　Ⅰ.①物… Ⅱ.①何… Ⅲ.①物理学—实验 Ⅳ.①O4－33

　　中国版本图书馆 CIP 数据核字(2018)第 004778 号

书　　名	物理演示实验教程
编　　著	何　兴　唐贵平　邓　敏　廖家欣
责任编辑	李迎新　聂　燕
出版发行	西安交通大学出版社
	(西安市兴庆南路 1 号　邮政编码 710048)
网　　址	http://www.xjtupress.com
电　　话	(029)82668502 82668805(医学分社)
	(029)82668315 (总编办)
传　　真	(029)82668280
印　　刷	西安明瑞印务有限公司
开　　本	787mm×1092mm 1/16　　印张 11.5　　字数 273 千字
版次印次	2018 年 2 月第 1 版　　2021 年 7 月第 2 次印刷
书　　号	ISBN 978－7－5605－7453－0
定　　价	30.00 元

读者购书、书店添货、如发现印装质量问题,请与本社发行中心联系、调换。
订购热线:(029)82665248　 (029)82665249
投稿热线:(029)82668284
读者信箱:medpress@126.com

前　　言

　　物理演示实验传统上是指在物理理论课中,教师根据讲授内容引入的一种教学方法。教师通过主题突出、现象明显的物理演示实验的操作和讲解,将物理现象和物理规律展现给学生观察,达到帮助学生对教学内容的理解、启发促进学生思考和培养学生物理思维能力。这种课堂演示实验是大学物理课程的重要组成部分。

　　随着现代科学技术的飞速进步和它对人们物质文明与社会文明的推动,现在很多大学将通识教育和科普教育也纳入了理工科学生和文科类学生公共选修课之中。物理演示实验教学为适应这种变化,无论是内容上,还是教学形式上都发生了很大的变化。现在不少大学将原来穿插在理论教学中的物理演示实验形式改进为开放实验教学形式,由教师操作为主变化到学生操作演示为主,由原来的配合课堂教学为主变化为既包含配合大学物理教学的演示实验又包含物理原理在现代社会生活中的应用的演示实验。我们学校大学物理实验中心根据这种形势的变化,从 2006 年开始将物理演示实验开设为面向全校学生的公共选修课。这些物理演示实验得到学生的认可。本书就是根据几年的教学实践和经验编写而成。

　　本书内容包括力热学、电磁学和光学等几部分,总计 116 个实验项目。每个实验分别介绍了实验目的、实验装置、实验原理、演示方法与现象、思考题等部分。

　　本书的编写中,我们注重了以下几个方面。

　　1. 因本书使用者设定为大学一、二年级的理工科和部分文科学生,他们的大学物理课程刚刚开始或尚未开出。他们这一阶段的物理知识水平大部分限于高中物理基础,为使他们在开放实验室能对物理演示实验进行操作和讲解,因此编写中的演示实验原理部分力求通俗易懂,突出物理思想,尽量避免物理公式的数学推导,使本书成为他们适用的教材或参考书。

　　2. 在实验内容和项目选取上既有紧密配合大学物理教学项目,又增加了反映古代科技和现代社会生活中应用物理原理的实验项目,例如,"编钟演示""倒流壶""微波炉""电磁炉"等项目,以增加实验的科普性和趣味性,使学生体会物理现象无处不在,更是了解物理知识贯穿在生产和生活中的各个方面,达到现代通识教育的作用。

　　3. 鉴于物理演示实验的现象从不同角度看往往很丰富,为了减少学生的定向思维限制,本书在"演示方法与现象"部分操作内容介绍编写得较详细,实验现象描述一般省略或写得较少,而是将实验现象观察方法以提示方式写到实验步骤之中,这样编写目的是使学生不仅知道怎么演示操作,更注重边操作边观察边思考的方法。为拓展学生思维,本书每个实验项目均有精选了几个"思考题"作为实验后的学生思考题作业,也可以作为拓展知识或思维之用。

4. 本书编写时除参考了其他相关教材外,还汇集了几年来我们大学物理实验中心教师的教学心得体会,融入了自制仪器设备的特色,例如"飞机升力原理""曲径先捷""电致发光"等,使本书具有了自己的个性。

本书"力热学部分"的编写由廖家欣老师负责,电磁学部分由邓敏老师负责,光学部分由何兴老师负责。唐贵平老师负责组稿、统稿。编写过程得到长沙理工大学教务处和物理与电子科学学院领导关心和大力支持,也得到参加大学物理演示实验教学的所有教师帮助和支持,在此表示衷心感谢。本书的出版还得到湖南省社科基金项目(12YBB003),湖南省教改项目(SJ0902)与湖南省重点学科建设项目的资助。

由于编者水平有限和时间仓促,书中如有缺点和错误恳请读者予以批评指正。

编　者

2017 年 6 月

目　　录

第 2 篇　电磁学及其综合演示实验 ・・・・・・・・・・・・・・・・・・・・・・・・・ 55

第1篇　力热学及其综合演示实验

实验 1-1　质心运动（杠杆式）演示

[实验目的]

通过质心运动演示实验,理解质心运动定律和刚体运动。

[实验装置]

质心运动演示仪由打击器和不对称的小哑铃构成,如图 1-1 所示。

图 1-1　质心运动演示仪

[物理原理]

刚体动力学理论表明,刚体的任何运动都可以分解为平动和转动,即质量集中于质心的平动和各质点绕质心的转动。质心的平动遵循质心运动定理,即质心系所受到的合外力等于质点组的质量之和乘以质心的加速度。各质点绕质心的转动遵循角动量定理,即质心系所受到的合力矩等于质点系绕质心的转动惯量乘以其角加速度之和。

上述两个定理表明,刚体质心的运动取决于所受的合外力。若合外力不为零,但对刚体质心的合力矩为零,则刚体不会转动,只有平动;若合外力不为零,且合外力对刚体质心的合力矩不为零,则刚体的运动是由质心平动和绕质心的转动叠加而成的。

[演示方法与现象]

1. 将打击棒压下,用卡扣卡住。把哑铃放在支架上,使哑铃的质心标记正对打击棒的上方。打开卡扣,棒击在哑铃的质心。打击力竖直通过质心。这时作用在哑铃上的外力对质心的力矩为零,可看到哑铃仅做向上的平动。

2. 再将打击棒压下,用卡扣卡住。把哑铃放在支架上,使哑铃的质心标记偏离打击棒。打开卡扣,打击力竖直向上、不通过质心,这时作用在哑铃上的外力对质心的力矩不为零,可看到哑铃既有平动又有转动,即哑铃既往上运动又在空中旋转。

3. 重复上述实验,并对现象进行解释。

[思考题]

1. 为了做好实验,找出质心位置非常重要,怎样才能快速找到哑铃质心位置? 哑铃在支架上受到打击时受到几个力作用?（考虑未离开和离开两种情况。）

2. 子弹射出枪管后,由于速度非常快,为了保证子弹不翻滚,提高命中率,技术上采取了哪些措施,你能解释吗?

[注意事项]

打击力必须是强而短促的冲击力。否则,当打击力不通过质心又不够大时,则打击过程较为缓慢,结果哑铃的一端先被抬起,在打击和支架另一端的作用力作用下,哑铃将抛向一侧,而不是竖直向上运动。

实验 1 - 2 多 球 竞 走

[实验目的]

通过多球竞走实验的演示与分析,提高力学分析方法应用的能力。

[实验装置]

多球竞走实验演示装置,由倾角相同但宽度不同的多条导轨构成,另外配有两个直径相等和两个直径不相等的空心钢球,如图 1 - 2 所示。

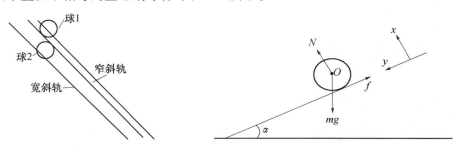

图 1 - 2 多球竞走实验装置示意图　　　图 1 - 3 钢球斜坡上受力示意图

[物理原理]

如图 1 - 3 所示,钢球在斜面（设倾角为 α）下滚,受到的作用力有重力 mg、斜面支承力 N 及摩擦力 f。

设钢球运动过程是纯滚动运动,依据质心运动定律和角动量定理,可以得到以下方程:

$$mg\sin\alpha - f = ma_y$$
$$N - mg\cos\alpha = 0$$
$$fR = J\beta$$
$$a_y = R\beta$$

式中, R 为球在导轨上的两接触点的连线到球心的垂直距离; J 为球的转动惯量; a_y 为质心下滑的加速度; β 为球对球心的角加速度。解上述方程组可得

$$a_y = \frac{mg\sin\alpha}{JR^{-2} + m}$$

上式表明在其他条件相同的情况下, R 越大,则质心加速度 a_y 越大,反之 a_y 越小。静止释放钢球,对两个倾角都为 α 的直导轨,同样直径的钢球在宽导轨上的转动半径比在窄导轨上的转动半径小,因此球在窄轨上下落的加速度比在宽导轨上下落的加速度要大,走完同样距离所花的时间也短些。

[演示方法与现象]

1. 观察多导轨的结构。

2. 将两直径相同的钢球同时从不同宽度的导轨静止释放,观察谁先达到底端;演示重复几次,总结实验结果。

3. 再将不同直径的钢球从两导轨上端释放,要求直径小的球从窄导轨下落,重复几次,总结实验结果。

4. 对上述结果进行分析解释。

[思考题]

1. 如果让两直径相同的钢球以相同速度由宽窄不同的导轨下端向上运动,你能推出什么结论?

2. 同一个人骑质量差不多的两辆单车,一辆是大轮单车,一辆是小轮单车。如果下同一个坡,哪辆单车会下得快些? 请解释。

实验 1 – 3　曲 径 先 捷

[实验目的]

通过对不同导轨下落的钢球运动演示,学习和理解变速运动路程的分析方法。

[实验装置]

装置由两个高度差相等的导轨组成,一个是弯曲的导轨,一个是平直的斜导轨。两个钢球可以分别从两导轨落下,如图 1 – 4 所示。

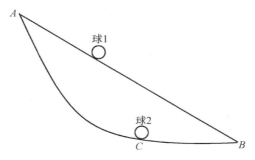

图 1 - 4   曲径先捷装置示意图

[物理原理]

两个高度差相等的导轨上端的两个等质量的钢球,其势能是相等的,下落过程中钢球机械能可近似认为守恒,因而两球下降到最低点时的速度 v_{max} 都会相等。钢球 1 在直导轨(AB)的下落过程中做匀加速运动,达到底端 B 时速度等于最大值 v_{max}。钢球 2 在曲线导轨(ACB)的下落过程中做变加速运动,达到最大速度 v_{max} 时是在其最低位置 C,它比直导轨运动的钢球 1 先达到速度最大值 v_{max},钢球 2 在运动过程中的速度始终比直导轨的钢球 1 的速度大得多,因此同样时间内所走的距离要多些,这种现象我们称之为曲径先捷。

图 1 - 5 为两球速度与时间变化的关系图,$O - A_1 - A_2$ 是曲线导轨钢球 2 的,$O - A_2$ 是直导轨钢球 1 的。根据速度 - 时间坐标意义和速度定义可知,物体运动的路程是速度对时间的积分。在 $O - A_3$ 段时间,曲线导轨钢球 2 的路程为 $O - A_1 - A_2 - A_3$ 所围面积($S_曲 = \int_0^{A_1} v(t)\mathrm{d}t + \int_{A_1}^{A_2} v(t)\mathrm{d}t$),直导轨钢球的路程为 $O - A_2 - A_3$ 所围面积($S_直 = \int_0^{A_2} v(t)\mathrm{d}t$),曲线导轨钢球 1 的路程多出了 $O - A_1 - A_2$ 所围面积,这是钢球 2 在曲线导轨上比钢球 1 在直导轨走相等时间多出的路程,它比图 1 中曲线 ACB 的长度减去直线 AB 的长度的差值大,所以钢球 2 比钢球 1 先到底端。

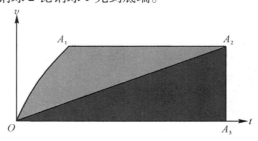

图 1 - 5   速度 - 时间图

我国古代建筑工匠早已发现曲径先捷现象,并将这一特点应用到古代皇宫和寺庙建筑的屋檐建造上,使雨水能尽快排走。

不计阻力,物体在高度差相同的两点之间走什么样的曲线花时间最少(又称最速降线),这个问题 16 世纪时就有人进行了分析和实验,直到 1697 年,科学家牛顿、莱布尼茨等人通过微积分方法证明这条最速降线就是一条摆线,也叫旋轮线。

[演示方法与现象]

1. 手持两个形状一致的钢球置于两导轨的上端,使球从静止状态下滚。观察哪个钢球先到底端位置。

2. 重复几次实验,解释现象的原因。

[思考题]

对同样的实验装置,如果让两小球以同样速度同时沿两导轨从下向上运动,你认为哪个先到顶端,为什么?

[注意事项]

钢球跌落要及时寻找,避免遗失。实验结束钢球要放回收藏盒中。

实验 1 – 4　过山车模拟

[实验目的]

用小球过离心轨道的运动模拟过山车运动,学习和理解曲线运动的分析方法。

[实验装置]

离心轨道演示仪(图 1 – 6),米尺。

图 1 – 6　离心轨道演示仪

[物理原理]

质量为 m 半径为 r 的小球从高为 H 的位置滚下,做无滑动的纯滚动,运动过程中受到的作用力有重力、导轨的支持力和摩擦力。若要小球不从半径为 R 的圆形轨道最高处掉下,小球受到的向心力 $F_{向}$ 必须满足

$$F_{向} = m\frac{v^2}{R-r} \geqslant mg \qquad (1)$$

小球做无滑动的纯滚动,可以证明摩擦力不做功,小球运动过程中机械能守恒,于是小球在最高处静止时的势能与小球在圆形轨道最高处的动能及势能相等,满足

$$mgH = 2mgR + \frac{1}{2}mv^2 + \frac{1}{2}\left(\frac{2}{5}mr^2\right)\left(\frac{v^2}{r}\right) = 2mgR + \frac{7}{10}mv^2 \qquad (2)$$

式(2)右边三项是小球过圆形轨道最高处的势能、平动动能和滚动动能。当 $R \gg r$ 时,联立式(1)和式(2)可得

$$H \geqslant 2.7R \qquad (3)$$

考虑小球一般不仅做滚动还做滑动,实际上小球的起始高度还应加大。

[演示方法与现象]

1. 把小球放在轨道顶端,让它从静止开始滚下,观察球的运动。

2. 降低小球释放的高度,使它从静止释放刚好能通过圆形导轨最高处,并用米尺测量起点高度。

3. 再减少高度,观察小球的运动,并用米尺测量起点高度。

4. 用米尺测量轨道直径,计算小球刚好不从导轨落下来的理论高度,和实验测量值进行比较。

[思考题]

如用半径相同的空心球代替实心球,为使小球也能完成通过圆形轨道最高处,轨道的起始高度应怎样调整? 小球的质量大小对结果有影响吗?

[注意事项]

圆形轨道是焊接拼成的,实验中不要弯曲导轨。

实验 1 – 5　科里奥利力演示

[实验目的]

演示转动的非惯性系中科里奥利力的产生与特点。

[实验装置]

转盘式科里奥利力演示仪如图 1 – 7 所示,由以下几个部分构成:转盘、斜导轨、小球、支柱、底座。

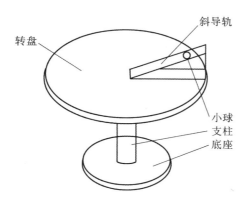

斜导轨

转盘

小球
支柱
底座

图 1-7　转盘式科里奥利力演示仪

[物理原理]

牛顿第一定律成立的参考系称为惯性系。若一个参考系相对惯性系的加速度不为零,则称为非惯性系。例如,地球近似作为惯性系,那么相对地面做加速上升的电梯、圆周运动的过山车就是非惯性系。

非惯性系中的观察者为了将牛顿定律运用到非惯性系中,须引入惯性力。如对旋转雨伞,相对于伞静止的雨水受到惯性离心力作用有被甩出的趋势,这个惯性离心力就是以旋转雨伞为参考系而引入的惯性力。在一个转动的非惯性系中要运用牛顿定律,系统中静止的物体受力分析除了要考虑真实力外,还要引入惯性离心力;对于运动的物体进行受力分析,除了要考虑真实力、惯性离心力外,还需引入另一个称为科里奥利力的惯性力,该力满足

$$f_k = 2mv \times \boldsymbol{\omega}$$

式中,m 为物体的质量,$\boldsymbol{\omega}$ 是转动参考系的转动角速度(对惯性系),v 是物体相对转动参考系的径向速度。

地球相对太阳系既自转又公转,是非惯性系。它自西向东转动,因此运动的物体在地球上均受到科里奥利力作用。虽然运动物体在地球上受到的科里奥利力不明显,但是经过长年累月,还是能观察到自然界科里奥利力产生的效应的(见思考题)。

[演示方法与现象]

1. 转盘静止,从斜导轨上端释放小球,观察其在转盘平台上的运动轨迹。
2. 顺时针缓慢转动转盘,从斜导轨上端释放小球,观察其在转盘平台上的运动轨迹。
3. 再逆时针缓慢转动转盘,从斜导轨上端释放小球,观察其在转盘平台上的运动轨迹。
4. 分析和解释小球在转盘平台上的运动。

[思考题]

1. 为什么地球南北半球强热带风暴形成的旋涡其旋转方向不同?
2. 在北半球,若河水自南向北流,则东岸受到的冲刷严重,试由科里奥利力进行解

释。若河水在南半球自南向北流,哪边河岸冲刷较严重?

3. 如果实验中的小球用固定在地面上的摄像机摄像,将转盘背景处理为看不见,问小球的运动轨迹可能是怎样的? 为什么?

[注意事项]

1. 实验中转动转盘不能太快,以防小球甩飞。

2. 实验后小球要及时放回小盒中,以备下次实验使用。

实验 1 – 6 角动量守恒演示

[实验目的]

利用茹可夫斯基凳,演示角动量守恒。

[实验装置]

茹可夫斯基凳是一个装有轴承的转椅,人坐在椅上可手拿哑铃转动进行实验,如图1 – 8 所示。

图 1 – 8   茹可夫斯基凳演示

[物理原理]

绕定轴转动的系统,其角速度 ω 乘以转动惯量 J 定义为角动量。角动量守恒定律可表述为:绕定轴转动的系统所受合外力矩为零时,系统对转轴的角动量守恒,即 Jω = 恒量。在合外力矩为零的条件下,当系统的转动惯量 J 为常量时,ω 也不变,维持角动量守恒;若转动系统通过内力改变它对转轴的转动惯量 J,则系统的角速度 ω 就会产生相应的变化,J 增大时 ω 就减小,J 减小时 ω 就增大,维持系统的角动量守恒:Jω = 恒量。在茹可夫斯基凳实验中,人和椅子看成是一个转动系统,如果略去椅子转轴受到的摩擦力矩,人坐在凳上旋转,通过手拿哑铃,双臂伸展或收缩,改变了系统的转动惯量,那么转动系统的角速度就会相应变化,维持角动量守恒定律成立。

[演示方法与现象]

1. 实验者坐到凳子上,系好安全带,手握紧哑铃置于胸前。

2. 另一人转动凳子后松手,实验者缓慢做伸展和收缩手臂的动作,体会转动速度的变化。

3. 总结和解释实验现象。

[思考题]

花样滑冰和跳水运动员往往做些高难度动作,试问哪些动作现象可以运用角动量守恒定律解释?

[注意事项]

1. 实验时必须系好安全带,周围同学不要靠得太近。
2. 实验时间不宜太长,以免身体不适;下凳时注意平衡。
3. 晕车者不宜做。

实验 1 – 7　多球碰撞演示

[实验目的]

通过多球碰撞演示实验,加深对动量守恒定律和机械能守恒定律的理解。

[实验装置]

弹性碰撞演示仪由支架和多个悬挂在支架上的直径和质量相等的钢球组合而成,其悬挂绳的长度可调节,如图 1 – 9 所示。

图 1 – 9　弹性碰撞仪

[物理原理]

弹性碰撞演示仪上的钢球做对心碰撞,其过程可看成是一种近似的对心弹性碰撞,则碰撞过程满足动量守恒定律和机械能守恒定律,因此钢球的碰撞有:

$$m_1 v_{10} + m_2 v_{20} = m_1 v_1 + m_2 v_2$$

$$\frac{1}{2} m_1 v_{10}^2 + \frac{1}{2} m_2 v_{20}^2 = \frac{1}{2} m_1 v_1^2 + \frac{1}{2} m_2 v_2^2$$

设钢球质量相等,实验时用一个运动球碰撞一个静止球,即 $v_{20}=0$,则解上述方程组得到,$v_{10}=v_1$,$v_2=0$,结果表明第一个球将自己的速度、动量和动能传递给了第二个球,然后静止下来。同理,相邻的几个钢球都是等质量的,分开少许距离,如果它们发生对心弹性碰撞,也可依次出现钢球将自己的速度、动量和动能传递给相邻的钢球,然后静止下来。最后一端的球得到和第一个球相等的动能并转化为势能,因此应达到第一个球开始的高度。该球在重力作用下又下落,重复同样的弹性碰撞过程。如果两球质量不等,由弹性碰撞满足动量守恒定律和机械能守恒定律的条件,可以得出大球碰小球,碰完后大小球会朝同一方向运动,小球碰大球则是小球会反弹回来的现象。

[演示方法与现象]

1. 先仔细调整每个钢球的悬绳,使得 7 个钢球处在同一水平面内的一条直线上。

2. 使 7 个球静止,拉开左边第一个钢球,移到 5 ~ 10 cm 处释放,用它碰撞其他静止的钢球。观察多球碰撞的运动现象。

3. 与步骤 2 类似,同时拉起 2 个或 3 个或 4 个钢球,用它们碰撞其他钢球,观察碰撞的运动现象。

4. 再左右各拉起一个钢球释放,观察碰撞的运动现象。

5. 用小球碰撞大球,观察碰撞的运动现象;再用大球碰撞小球,观察碰撞的运动现象。

6. 每种情况重复几次,然后总结碰撞实验现象,并加以解释。

[思考题]

实验中为简化实验分析条件,都是用运动的球去碰撞静止的球,观察实验现象。如果是用运动的钢球去碰撞也是运动的其他钢球,预计会有什么情况出现? 并加以推导。

[注意事项]

1. 为保证钢球是对心碰撞,实验中各球的圆心应处于同一水平的直线上,钢球开始位置不宜太高,释放时球要从静止释放。

2. 悬绳易断,断了应及时更换绳子。

实验 1 - 8 锥 体 上 滚

[实验目的]

通过观察与思考双锥体沿斜面轨道上滚的现象,加深了解在重力场中物体总是趋向重心降低以达到平衡的稳定状态。

[实验装置]

锥体上滚演示仪如图 1 - 10 所示,它由锥体和导轨两部分组成。

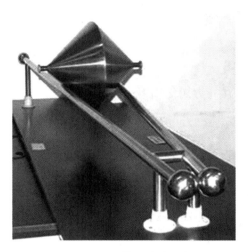

图 1 - 10　锥体上滚演示仪

[物理原理]

在重力场中,可自由移动的物体由于受到重力作用,其平衡位置总指向重力势能极小的位置,这称为机械能最小原理。

本实验中的锥体上滚演示仪的特点是锥体形状中间直径最大、边缘直径较小;导轨下端间距小、上端间距大。当锥体停在下端,重心可以提高;当锥体位于导轨上端,重心反而会降低。根据机械能最小原理,锥体如果移动,应该是由重心高处朝低处移动,也就是由下端向上端滚动。

[演示方法与现象]

1. 将锥体置于导轨的高端静止,锥体不下滚。
2. 将锥体置于导轨的低端,松手后锥体向高端滚去。
3. 重复第 2 步操作,仔细观察双锥体上滚的情况。
4. 对实验现象进行解释。

[思考题]

1. 如果用空心金属球代替锥体,是否也有相同的实验效果?
2. 机械能最小原理除了体现在实验现象中外,你还可以在生活中找到它的体现吗?

[注意事项]

1. 移动锥体时要轻拿轻放,切勿将锥体掉砸在桌面上。
2. 锥体启动时位置要扶正放在轨道上,防止它滚动时摔下来造成变形或损坏。

实验 1 – 9   进 动 演 示

[实验目的]

演示旋转刚体(车轮)在外力矩作用下的进动现象。

[实验装置]

车轮进动仪由转轮(自行车轮子)、平衡重物、横杆、支架、支点等组成,如图 1 – 11 所示。

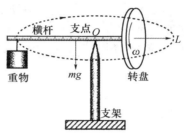

图 1 – 11   车轮进动仪示意图

[物理原理]

定义角动量 $L = I\omega$,其中 I、ω 分别为转动惯量、角速度,L 同 ω 方向一致,由右手螺旋法则决定(图 1 – 12)。

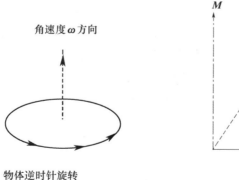

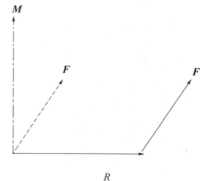

图 1 – 12   物体旋转的角速度方向规定   图 1 – 13   力矩方向的定义

定义力矩 $M = R \times F$,R 为力臂,F 为作用在刚体上的合外力。M、R、F 方向满足右手法则(图 1 – 13)。

物理学中的转动定律表述为:刚体绕固定转轴所受到的合外力矩 M 等于刚体角动量 L 对时间 t 的变化率,即

$$M = \frac{dL}{dt} = \frac{d(I\omega)}{dt}$$

车轮进动的现象可以用转动定律解释。以下讨论将转轮(车轮)、平衡重物、横杆看成一个系统,它可以绕支架的支点 O 转动。

1. 刚体的定向转动

当系统处于水平平衡状态(重心在支点,横杆可以水平静止在支架上),由于重力 F 通过支点,系统合外力矩等于零。根据角动量守恒定律:对于某一定点(支点),系统所受的合外力矩为零,则系统对于该定点的角动量矢量保持不变。本实验中高速旋转的转轮重心过支点,不计摩擦力的作用,则旋转的转轮始终保持其开始方向不变(陀螺仪的定向特征)。

2. 刚体的进动

假设转轮的角动量 L 如图 1 – 14 所示,方向开始在水平面内,当系统重心不通过支点时,则系统相对于支点受重力矩($M = R \times F$)作用,重力矩的方向在水平面内,与 L 垂直。由转动定律可知,系统的角动量不守恒,重力矩改变角动量 L,由于重力矩同 L 垂直。因此只改变 L 的方向,角动量的增量 ΔL 的方向与重力矩 M 的方向一致,即与 L 垂直,所以,转轮的转轴方向不会向下倾斜,表现为系统中的转轮一方面绕转轴(横杆)运动,另一方面转轴(横杆)又会绕支点在水平面内旋转,这就是系统的进动现象。由于重力矩 M 的方向始终与角动量 L 的方向垂直,因此重力矩只改变角动量 L 的方向,而不会改变角动量 L 的大小,即转轮的轴向会发生改变,而转速并不会变化。在 dt 时间内,系统对支点 O 的角动量 L 的增量为 $dL = Mdt$,方向如图 1 – 14 所示在水平面内。显然,下一刻的角动量为

$$L + dL = L + Mdt$$

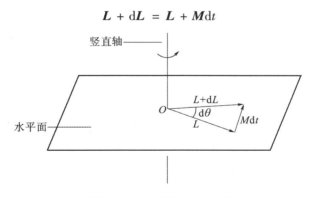

图 1 – 14　进动效应的解释

由于 M、L 和 $L + dL$ 的方向均在水平面内,所以转轮的转轴方向不会向下倾斜。

当然,摩擦阻力总是存在的,阻力矩和重力矩的合力矩作用最终会使得转轮的转轴方向向下倾斜。

如果转盘除了受重力矩作用外,还受到一个扰动作用力矩,那么转盘除了做水平旋转外,还会做上下周期性的摆动,这个称为刚体章动。

[演示方法与现象]

1. 观察刚体的定向转动

调节平衡配重物位置,使系统的重心通过支点。左手握转轴(横杆)使其保持水平状态,右手快速地转动转轮,判别系统的角动量方向,松开双手后,观察转轮的转轴方向,是

否能保持开始方向不变。

2. 观察进动和章动

调节平衡配重物的位置,使系统重心不通过支点,横杆能朝一侧略微倾斜,即整个系统对支点受到重力矩作用,判别重力矩方向。左手握横杆使其保持水平状态,右手快速地转动转轮,松开双手后,观察转轮的转轴方向,是否在水平面内转动(进动),转动方向与重力矩方向有何关系? 横杆在进动过程中,还会出现微小的上下周期性摆动,可用手指轻压横杆感受一下,这种现象称为章动。

[思考题]

骑自行车的人想转弯时,无需有意识地转动车把,只需将自己的重心略微侧倾,车子便自动转弯了,试说明其中的道理。

[注意事项]

为了实验效果明显,操作时要一手握紧横杆,另一手用力转动转轮,使其高速旋转。进动现象的展示要求横杆重心稍微偏离支点,不能太多。

实验 1 – 10　陀螺仪定向特性的演示

[实验目的]

演示回转仪(陀螺仪)在高速旋转中保持其转轴空间方向不变的特性,加深理解刚体转动分析方法。

[实验装置]

回转仪实际上是三轴陀螺仪模型,它由支在框架上的两个金属圆环和转盘构成,金属圆环可绕各自的轴自由转动,转盘轴上有一孔用于穿绳子,如图 1 – 15 所示。

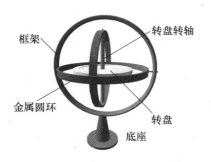

图 1 – 15　回转仪(陀螺仪)装置

[物理原理]

由图 1 – 15 可见,两个金属圆环和转盘的转轴两两垂直,而且都通过回转仪的重心,也就是转盘转动时,重力对仪器的力矩为零。根据角动量守恒定律,若刚体所受的

14

合外力矩为零,则此刚体的角动量矢量保持不变,这包含了刚体的转速和方向都保持恒定不变。

实验时,用绳子拉动陀螺仪的转盘高速旋转,重力对转盘无力矩作用,忽略摩擦力矩,则转盘脱离绳子作用后由于转盘的转动惯量存在,它将继续转动。根据角动量守恒定律,陀螺仪转盘的角动量大小和转轴方向将保持不变,实验现象是陀螺仪转盘的转轴空间取向一定,并不会改变。事实上,由于摩擦力矩虽小但总是存在的,在摩擦力矩作用下,转盘的方向和角速度也会逐渐发生改变,转盘最后会停止转动。

陀螺仪具有在高速旋转中保持其转轴方向不变的特性,现在已运用到航天与航海导航技术中。

[演示方法与现象]

1. 将细绳一端穿过转盘轴上的小孔,并将绳绕在转轴上。一手扶稳支架,一手抓住细绳的一端快速拉出,使转盘高速旋转。

2. 接着慢慢拿稳底座并转动它,可以看到转盘转轴指向始终保持不变。

3. 重复实验几次,总结实验现象并予以解释。

[思考题]

1. 导弹等飞行体是怎样利用陀螺仪转轴方向不变的特点来导航的?

2. 现在很多智能手机都装有电子三轴陀螺仪传感器,请问这种传感器在手机中有何功能?

[注意事项]

1. 将拉绳拉出过程中,用力不要过猛,但要尽量加快拉动,否则回转转盘转速不大,效果不明显。

2. 回转仪在底座上平动或者翻转时,幅度不宜过大,且不要晃动太大,以免影响实验效果。

实验 1 – 11　滚柱式转动惯量演示

[实验目的]

通过观察转动惯量不同的圆柱体滚落,加深对刚体转动分析方法的理解和转动惯量的理解。

[实验装置]

滚柱式转动惯量演示仪由一个弧形导轨及 4 个外形一致的金属圆柱(它们的质量或质量分布不一)组成,如图 1 – 16 所示。

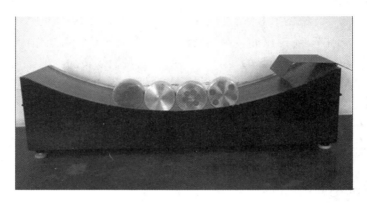

图 1 - 16 滚柱式转动惯量演示仪

[物理原理]

转动惯量是刚体转动时惯性的量度,其量值取决于物体的形状、质量分布及转轴的位置。质点对定轴的转动惯量其定义式为 $J = mr^2$,刚体对定轴的转动惯量可用公式 $J = \sum m_i r_i^2$ 计算。计算式表明质量相同,转动半径增加,则转动惯量增加。

假设圆柱形刚体的质量为 m,半径为 r,绕圆柱体中心轴线的转动惯量为 J。当圆柱体在斜面上做纯滚动时,可以看做是质心的平动和绕质心的转动的合成运动,物体受到的力有重力、支持力和摩擦力,方向如图 1 - 17 所示。

由质心运动定律和转动定理可得

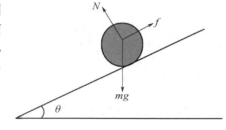

图 1 - 17 圆柱转动受力分析

$$N = mg\cos\theta, mg\sin\theta - f = ma_c,$$

$$fr = J\beta_c, \ a_c = \beta_c r$$

式中,a_c 是质心的平动加速度;β_c 是绕质心转动的角加速度。联立可得

$$a_c = \frac{mgr^2\sin\theta}{J + mr^2}, \beta_c = \frac{mgr\sin\theta}{J + mr}$$

根据上面的推导可以得出结论:在 l, m, θ, r 相同的条件下,J 增大,则 a_c, β_c 减少,意味着圆柱体下落减慢;反之圆柱体下落加快。

[演示方法与现象]

1. 把两个外形和质量完全相同但铜芯分布不同的圆柱体,放在同一斜面的顶部,用挡板卡住使其静止在同样高度。

2. 使两圆柱体从斜面顶部自由滚下,观察两圆柱体运动的快慢。

3. 把两个外形相同而质量不相同的铁柱和铝柱按照上述方法滚动,观察两圆柱体的运动快慢。

4. 重复几次操作,总结实验规律。

[思考题]

生活中有各种各样的转动物体。请举例说明,哪些情况需要尽量增加转动惯量,哪些需要减少转动惯量。

[注意事项]

为使圆柱体能够沿直线滚下,尽量使圆柱体的轴线垂直于斜面的边缘。

实验 1 – 12　滚摆运动与机械能守恒定律演示

[实验目的]

通过滚摆的运动过程,加深对机械能守恒定律的理解。

[实验装置]

滚摆又称麦克斯韦轮,由支架、悬绳和滚轮构成,如图 1 – 18 所示。

[物理原理]

实验中滚摆由上端释放下来,在上下滚动过程,受到的力有重力 mg 和绳子的拉力 T,绳子间的摩擦力忽略不计,根据刚体运动学,滚动运动可以看成是其质心的平动和绕质心转动的叠加。依据质心运动定律和质心角动量定理,可以列出运动方程:

$$mg - T = ma_c$$
$$TR = J\beta$$
$$R\beta = a_c$$

联立上面几式可解出:

$$a_c = \frac{g}{1 + \dfrac{J}{mR^2}},\ T = \frac{J}{J + mR^2}mg,\ \beta = \frac{g/R}{1 + \dfrac{J}{mR^2}}$$

图 1 – 18　滚摆

上述方程表示了质心加速度 a_c、绳子的拉力 T 和滚摆绕质心的角加速度 β 与滚摆转动惯量 J、质量 m 及转轴 R 的关系。

若忽略绳的摩擦力和空气阻力,则系统机械能守恒,即

$$mgh + E_{kp} + E_{kg} = 常数$$

上述方程表明为了保持系统的机械能等于常数,势能 mgh 减少即 h 减少,则滚摆转动动能 E_{kg} 和质心平动动能 E_{kp} 增加,即滚摆转动和下降得快些;反之动能减少,则 mgh 增加,即 h 增加。

[演示方法与现象]

1. 将滚摆保持水平,转动滚摆使悬绳均匀地绕在轴上,上升到一定高度(15 cm 左右),使滚摆由静止沿正下方平稳落下。

2. 在重力和绳子的拉力作用下,滚摆可多次滚上和滚下。如果出现滚轮摆动,可以按上述方法重新操作。否则应将悬绳长短重新调整,力求滚摆在静止时是水平的。

3. 重复几次实验,总结实验现象并进行解释。

[思考题]

1. 试分析滚摆下落时平动速度、转动角速度与位置高度之间的关系。

2. 实验原理中的转轴 R 是指哪个长度?试分析滚摆的转轴半径和转动惯量对滚摆运动的影响。

3. 滚摆运动时,悬线的拉力是否做功?为什么?

[注意事项]

实验中滚摆位置不宜过高,防止下落时出现滚摆前后左右摆动和拉断悬绳。悬绳断了要及时换新悬绳。

实验 1–13　频闪法测量风扇转速

[实验目的]

通过频闪法测量风扇转速,了解人眼的视觉暂留效应的应用。

[实验装置]

频闪仪、电风扇(其中一叶片贴有一白纸条)。

[物理原理]

人眼在观察景物时,光信号传入人的大脑神经,需经过一段短暂的时间(约 0.1 ~ 0.4 s),光的作用结束后,视觉形象并不立即消失,这种残留的视觉称为"后像",视觉的这一现象则被称为"视觉暂留"。视觉实际上是靠眼睛的晶状体成像,感光细胞感光,并且将光信号转换为神经电流,传回大脑引起人体视觉。感光细胞的感光是靠一些感光色素,感光色素的形成是需要一定时间的,这就是视觉暂留的机理。

频闪仪是一个能改变频率的闪光灯,其闪光时间非常短,当频闪仪的周期等于电风扇的转动周期(即频率相等)时,则每一周期白纸均可在同一角度处被照亮,如果转动周期小于人眼视觉暂留时间(一般在 0.1 s 左右),那么这次看到被照亮的白纸时,其实前次白纸的印象还停留在大脑中。频闪仪周而复始的照射,使我们看到被照白纸就好像总停留在同一位置。如果频闪仪周期略小于电风扇的转动周期,则提前照亮白纸,看到白纸会缓慢向后转,反之则向前转(均相对风扇转动方向)。当频闪仪的周期是电风扇转动周期的一半(即频闪仪的频率是电风扇转动频率的 2 倍)时,则风扇每转一周期,周期的开始时刻闪光灯照亮一次白纸,半周期时刻闪光灯又照亮一次白纸,周而复始的照射使我们能看到白纸总停留在两处。如果电风扇转动的周期是频闪仪周期的 n 倍,或频闪仪频率是电风扇转速频率的 n 倍,则可以看到风扇有 n 处出现白纸影子。如果频闪仪频率已知,则利用频闪法可测量风扇转速。

[演示方法与现象]

1. 打开风扇电源,注意叶片旋转的方向。

2. 将频闪仪频率挡设置为最慢挡,慢慢调节频率,使风扇出现 1 个白影,记下频率读数;再慢慢调节频率,使风扇出现两个或 3 个白影,记下对应频率读数。

3. 改变频闪仪频率挡,设置为最快挡,慢慢调节频率,使风扇出现 1 个白影,记下频率读数;再慢慢调节频率,使风扇出现 2 个或 3 个白影,记下频率读数。

4. 总结各次实验数据,推出风扇的转速大小的公式,并解释实验现象。

[思考题]

1. 实验中分析的是闪光灯频率大于风扇频率的情况,如果闪光灯的频率比风扇的转动频率小,会出现什么现象?

2. 视觉暂留效应的研究有什么意义,请举生活与科研的事例说明。

[注意事项]

风扇转动时禁止接触风扇叶,频闪仪每次点亮时间不要超过 1 min。

实验 1 - 14　倒 流 壶

[实验目的]

通过对倒流壶的有趣现象分析,加深对流体力学的理解与应用。

[实验装置]

倒流壶、水盆和水瓶。

倒流壶结构:壶底中间的小孔通过导管连到壶盖附近,壶嘴通过导管连到壶底附近,如图 1 - 19 所示。

[物理原理]

倒流壶是一个可以把水从壶底注入,水再从壶嘴流出的壶,它与平常人们所见的茶壶使用完全不一样。这种壶早在宋朝的耀州窑中就有出现,它充分体现了我

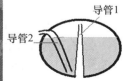

图 1 - 19　倒流壶及内部结构

国古代工匠的智慧。

倒流壶的原理是怎样的呢？壶的剖面如图 1 - 19 所示,壶的内部可看到有两个导管,底部导管 1 和壶嘴的导管 2 连同壶腔组成连通器,根据流体物理学的"同一种液体静止时,连通器液面总是等高"的原理,可知把倒流壶倒置,底部导管 1 可进水,只要没超过壶嘴导管 2 的下端位置,壶嘴就不会有水流出;将壶端正,由于壶内水面位置比导管 1 上端口和壶嘴低,壶嘴导管 2 不会出水。当壶倾斜时,壶内水面位置比导管 1 上端口低、比壶嘴导管 2 高,所以水能流出壶嘴。

[演示方法与现象]

1. 先展示倒流壶无盖子,提问怎么让水进入壶内。再将倒流壶倒置,灌入适量自来水,发现倒进的水不从壶嘴流出,为什么？

2. 然后端正倒流壶,水不从壶底部流出,为什么？倾斜壶,让壶内水从壶嘴流到塑料盆内。重复几次使大家看清楚。

3. 解释倒流壶现象的原因。

[思考题]

如果从倒流壶底部注入太多水,将会出现什么现象？怎么解释？

[注意事项]

倒流壶是陶瓷器具,实验过程应避免碰撞、跌落。

实验 1 - 15　公 平 杯

[实验目的]

通过对公平杯的有趣现象分析,学习流体力学的应用。

[实验装置]

公平杯(又称公道杯),塑料接水盆,烧杯。

[物理原理]

早在宋代,耀州窑的工匠们就发明了一种杯子,其盛酒只能盛到一定高度,不能多一点儿,否则酒水将全部从杯底流出,从而限制喝酒人的酒量,所以称为公平杯。这种杯充分体现了我国古代工匠的智慧。

公平杯为什么会有上述特点？杯的剖面如图 1 - 20 所示,杯里面有两个导管,一个是龙头构成的导管,它的上部龙头密封,下面接近杯内底部开了一个小孔;一个是被龙头罩住的内导管,它上面开了口子但比杯口边缘低,下面直接与杯底相通,位置比龙头导管下开口要低些。由此可见,杯子构成了一个巧妙的虹吸管。根据物理学中连通器和虹吸原理,当水倒入杯中接近杯边缘时,水会淹没龙头中的管子上端口子,继续倒的话,水将从管中流出杯底,这时由于龙头下端口子比杯底要高,在大气压和水压的共同作用下,水可全部流出杯底,如图 1 – 21 所示。

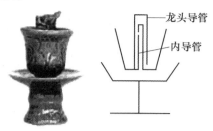

图 1 – 20　公平杯实物与结构示意图

水不会流出来　　开始出水　　　继续出水　　　停止出水

图 1 – 21　虹吸原理示意图

[演示方法与现象]

1. 对照实物介绍公平杯的内外构造。

2. 手端起杯,杯置于塑料盆上方,缓缓将水倒到公平杯中,直至水从杯底流出,再重复几次。

3. 总结和解释实验现象。

[思考题]

现在随着生活水平的提高,不少家庭卫生间都装有抽水马桶,试阐述其原理。

[注意事项]

公平杯是陶瓷器物,实验过程中应避免碰撞、跌落。

实验 1 – 16　傅 科 摆

[实验目的]

通过傅科摆的运动证明地球自转的事实。

[实验装置]

实验仪器如图 1 – 22 所示,傅科摆是一个单摆,底板有一个量角器。摆线长约 100 cm。

[物理原理]

法国物理学家傅科(J. B. L. Foucault)于 1851 年在巴黎的一个圆拱屋的顶上悬挂一

个长约 67 m、摆锤重 28 kg 的大单摆进行实验。随着每一次摆动，地上巨大的沙盘便留下摆锤运动的痕迹，这只大摆自始至终都没有按同一条直线来回往复，在经过一段时间后，摆动方向偏转了很大角度。通过力学理论证明只有地球自转才能做出合理解释，也就是证明了地球自转的存在。这个单摆被称为傅科摆。

现在以太空中的恒星系作为惯性参照系，观察地球上的傅科摆，单摆只受地球重力和拉力的作用，其合力方向始终在摆的振动平面内，由于惯性，摆的振动平面相对于恒星参照系来说将保持不变。但地球是自转的，那么地面上的物体包括傅科摆仪器下面的量角器也随地球一起运动，因此傅科摆仪器下面的量角器相对傅科摆平面的位置要发生偏转。地球上的人习惯于以地球为参照物，就会感觉到摆平面相对地球的位置（量角器）发生相反的偏转。地球自转使其成为一个非惯性参照系，若以地球为参照系，相对地面运动的物体和静止物体是不一样的状态，运动的物体除了受惯性离心力外还有另外一种惯性力——科里奥利力作用。

图 1 - 22　傅科摆

地球自西向东旋转，其角速度 ω 的方向沿地轴指向北极。处于北半球某点的运动物体速度 v 方向（图 1 - 23），可以证明该物体所受的科里奥利力表达式为

$$f = 2mv \times \omega$$

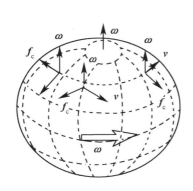

图 1 - 23　科里奥利力示意图

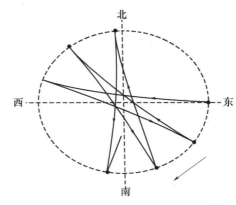

图 1 - 24　北半球傅科摆摆动平面的旋转轨迹

科里奥利力 f 的方向由 v 和 ω 的矢量积决定，所以 f 总是垂直于 v，其作用是使 v 发生偏转。图 1 - 24 所示为北半球傅科摆摆动平面的旋转示意图。

在地球的南北极，傅科摆的摆动平面 24 小时转一圈，而在赤道上，傅科摆没有旋转的现象；在两极与赤道之间的区域，傅科摆的旋转角速度介于两者之间。傅科摆在地球的不同地点旋转的角速度不同，说明了地球表面不同地点的线速度不同。因此，傅科摆还可以用于确定摆所处的纬度。通过理论推导可以得出傅科摆平面旋转角速度满足：

$$\omega_{傅} = \omega \sin\varphi$$

式中，ω 是地球自转角速度；φ 是所在地球的纬度，只要测出其中两个量，则地球的纬度 φ 就可以算出。

［演示方法与现象］

1. 将摆球装在吊丝下端,使摆球的指针距水平基准盘 1～2 mm,使摆球静止不动。

2. 调节基座上三个水平调节螺丝,使摆球指针正对水平基准盘的中心孔。

3. 接通电源,开启电源开关,电源指示灯亮。

4. 用手轻推一下摆球,使摆球始终在同一平面内振动,振动的幅度以吊丝正好碰到上端的卡环内周边为止。每碰卡环的内周边一次,工作指示灯亮一次,电磁铁对摆球补充能量一次,以抵消空气阻力的影响。

5. 摆工作约过 5 min,振幅大小就趋于平稳,如果振幅偏大或偏小,可调节振幅调节旋钮,使其幅度减少或增加,一般要求摆球指针最大位置指到刻度盘上略大于“4”的位置即可。

6. 摆进入正常工作后,调节底盘上的量角器 0 刻度线,使 0 正对摆球指针往复的振动平面,记录起始时间和刻度盘起始位置值,然后轻轻的关闭玻璃门。

7. 经过一段时间(约 1 h),会发现摆动平面发生了偏转,观察摆动平面偏转角度时,如果环境光线暗,可打开仪器内的照明灯。待数小时后,观察记录摆动平面偏转角度的大小,并求出每小时的平均偏转角度。

8. 根据本地纬度和上面公式计算傅科摆转动的角速度的理论值,并和测量值比较。

［思考题］

1. 试用科里奥利力解释高空落物总是有“落体偏东”现象。

2. 试用科里奥利力解释北半球的河流右岸总是比左岸冲刷得更严重。

3. 人造卫星的运行轨道计算,能够以地球作为参照系吗? 为什么?

4. 已知长沙的纬度为北纬 28°12′,计算傅科摆的角速度(单位取(°)/h)。如果单摆长是 1 m 或 67 m,分别计算单摆每小时偏转的弧长有多少厘米。

［注意事项］

1. 在记录傅科摆的起始位置后,务必将玻璃门关上,使傅科摆处在一个没有空气流动、相对稳定的环境中摆动。摆球运动一定要保证在同一平面内,不应出现圆锥摆动。

2. 地球自转角速度为 360°/24 h = 15°/h,转动很慢。因此须等待几小时时间,才能观察到摆平面偏转现象。

实验 1–17　单摆式共振演示

［实验目的］

通过多个单摆组的共振演示,理解共振产生的条件。

［实验装置］

振动演示仪是由多个长度不一的单摆悬挂在水平的、可以转动的粗绳或铁杆上组成,如图 1 – 25 所示。

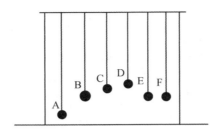

图 1 – 25　振动演示仪

[物理原理]

在等长为 l 的单摆(图 1 – 25 中 B、F、E 三球)中摆动一个单摆,该摆上端带动水平的粗绳或铁丝转动,使得机械振动能量通过扭动向两边传递,使得其他单摆受到周期性策动力作用。把每个单摆看成一个振动系统,则系统的固有振动频率由摆线长度决定,即

$$f = \frac{1}{2\pi}\sqrt{\frac{g}{l}}, \quad T = 2\pi\sqrt{\frac{l}{g}}$$

对于摆长均为 l 的两个单摆,由于它们的固有频率相等,则经过一定时间,一个系统的机械能可以同步地传递给另一个系统,随着该系统的机械能增加,此单摆的振幅也增加,最后达到最大振幅,即产生共振现象。单摆摆长不一样,振动的频率也不同,则机械能不能同步传播或吸收,因此不会出现共振现象,其摆动幅度时大时小,并不一致。

[演示方法与现象]

1. 让振动演示仪所有的单摆都处于静止状态,检查各球的摆线长度,要求悬挂大钢球的单摆的摆长等于另外一个单摆摆长。

2. 把大球拉离平衡位置,放手使其开始做小角度摆动,观察其他各球的运动情况。经过一定时间,观察哪个球的振幅最大。

3. 重新调整各球的摆线长度,使一个摆长大于或小于大球摆长的单摆摆动,再观察各球的摆动情况。

4. 总结实验,解释实验现象。

[思考题]

1. 小幅度的单摆摆动是否为简谐振动?为什么?

2. 自然界中振动现象很多,能否列举几个一维的或二维的共振现象?它们的特征是什么?

[注意事项]

作为产生策动力的最先摆动的单摆,摆动幅度不宜太大,要求摆球轨迹在一个平面内且与绳子或铁丝垂直。

实验 1 – 18　磁单摆混沌演示

[实验目的]

通过磁单摆混沌演示实验,了解混沌的特点及概念。

[实验装置]

磁单摆混沌实验仪如图 1 – 26 所示。

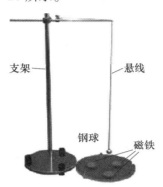

支架　　　　　　　　　悬线

钢球　　磁铁

图 1 – 26　磁单摆混沌实验仪

[物理原理]

混沌现象起因于物体不断以某种规则复制前一阶段的运动状态,而产生无法预测的随机效果。具体而言,混沌现象发生于易变动的物体或系统,该物体在行动之初极为单纯,但经过一定规则的连续变动之后,却会产生始料未及的后果,也就是混沌状态。但是此种混沌状态不同于一般杂乱无章的混乱状况,此混沌现象经过长期及完整分析之后,可以从中理出某种规则。混沌现象虽然最先用于解释自然界,但是在人文及社会领域中因为事物之间相互牵引,混沌现象尤为多见。如股票市场的起伏、人生的平坦曲折、教育的复杂过程。混沌理论认为在混沌系统中,初始条件十分微小的变化,经过不断放大,会使其未来状态产生极其巨大的差别。自然界混沌现象很普遍,混沌研究是从 20 世纪 60 年代开始的、近几十年来急剧兴起的一门学科,对混沌的研究成为当代物理学和数学的热门与前沿课题。

对一个动力学系统,如果描述其运动状态的动力学方程是线性的,则只要初始条件给定,就可预见以后任意时刻该系统的运动状态。如果描述其运动状态的动力学方程是非线性的,给定的初始条件稍微有点差异,那么运动状态就有很大的不确定性,其运动状态对初始条件具有很强的敏感性及内在的随机性。

磁单摆混沌实验系统是一个非线性系统,开始虽然释放钢球都尽量一致,但是钢球的运动轨迹有很大的差异,或者说无法由前一个轨迹确定后面的运动轨迹,每次运动轨迹都是不可预见的,这种现象就是混沌现象,这种摆称为混沌摆。实验时单摆如果开始是静止的,那么它受到的下面的三个磁铁的合力是确定的,且与重力平衡,它可以静止。但给单摆另外施加一作用力,使其小幅摆动,单摆受到的 3 个磁铁作用力随其位置变化而变化,导致单摆的运动轨迹非常复杂,或者说不会重复过去的情况,运动呈现典型的混沌状态。

[演示方法与现象]

1. 用水准仪调节仪器底盘水平。调节钢球的高度,使其位于以磁钢为顶点的正三角形的中心上方,距有机玻璃平面约 1.5~3 cm。

2. 拉开小球偏离平衡位置,超出正三角形区域后,释放小球使其摆动。小球在 3 个磁铁的合磁场作用下运动时,其轨迹显现无规律的变化,即混沌现象。

3. 描出小球运动轨迹的 3 个位置,观察以后运动轨迹是否会重复此前的位置。

4. 总结小球运动轨迹的特点。

[思考题]

1. 在本实验中,只用一个磁铁可以演示混沌现象吗?用两个呢,为什么?

2. 实验中小球的高度不能过低,过低会出现什么现象?为什么?

实验 1 – 19 受迫振动演示

[实验目的]

通过受迫振动演示仪的受迫振动实验,了解受迫振动的基本规律。

[实验装置]

受迫振动演示仪由可调频率的机械简谐振动机构、弹簧振子、米尺等组成,如图 1 – 27 所示。

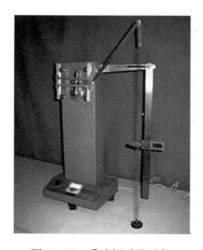

图 1 – 27 受迫振动演示仪

[物理原理]

在外来周期性力的持续作用下,振动系统发生的振动称为受迫振动。这个"外来的周期性力"叫驱动力(或强迫力)。振动系统都对应一系列的固有频率,其中最低的一个称为基频。受迫振动的振幅大小不仅与驱动力的大小有关,还与驱动力的频率及振动系统的固有频率有关。振动系统作受迫振动时,一方面要克服阻力做功而消耗能量,另一方面要从驱动力系统吸收能量,当两者相等时,振动系统的能量达到动态平衡,振幅保持不变,作等幅振动,振动的频率与驱动力频率相同。当周期性驱动力的频率和振动系统的固有频率相等时,振幅达到最大值,我们称之为共振。声学中的共振现象称为"共鸣",电学中振荡电路的共振现象称为"谐振"。

本实验用两弹簧和它们之间的铁片做弹簧振子(振动系统),驱动力来自弹簧上端连杆上下的简谐振动,给振子系统施以周期力。驱动力的频率可以通过调节电机转速而连续改变,振幅利用带有标志的钢米尺测量。通过改变频率,可以使驱动力的频率与振动系统的固有频率相等,振幅逐步达到最大状态,也就是共振状态。

如果驱动力的频率与振动系统的固有频率不相等,那么弹簧振子从驱动力获得的能量不会逐步增加,表现为振幅时大时小,与系统的固有频率不同步。

[演示方法与现象]

1. 首先把振子系统建立起来,振子的下端弹簧用一重物压住。

2. 用手使振子离开平衡位置,做小幅度的振动,用秒表测量振子的振动频率(固有频率或基频)。

3. 开启电源,使仪器工作。由小到大慢慢调节电机频率,观察和测量不同频率下振子铁片振动的对应幅度,记下最大幅度时对应的频率并和开始秒表测量的系统固有频率比较。

4. 关闭电源,仪器归位,实验结束。

[思考题]

1. 观察仪器结构,弹簧振子是如何产生竖直方向振动的?

2. 若考虑到弹簧的质量,试说明物理图像有什么不同。

[注意事项]

为保护弹簧振子,实验中产生共振时不宜时间过长。

实验 1 - 20　垂直振动的合成

[演示目的]

观察两个相互垂直的简谐振动的合成,加深对垂直振动的合成分析方法的理解。

[实验装置]

简谐振动合成仪(图1-28)有两个电机,分别产生记录笔上下和左右方向的简谐振动,通过记录笔将振动合成轨迹记录在记录纸上。

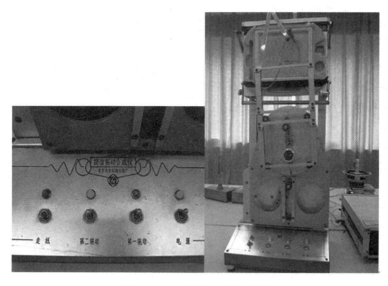

图1-28　简谐振动合成仪

[物理原理]

一个质点同时参加两个振动方向互相垂直、频率相同的简谐振动,其位置可表示为

$$x = A_1\cos(\omega t + \varphi_{01}), y = A_2\cos(\omega t + \varphi_{02}) \tag{1}$$

其合成可以写成矢量方程

$$s = A_1\cos(\omega t + \varphi_{01})i + A_2\cos(\omega t + \varphi_{02})j \tag{2}$$

方程组(1)消除时间因子 t 后,运动轨迹方程满足

$$\frac{x^2}{A_1^2} + \frac{y^2}{A_2^2} - 2\frac{x}{A_1}\frac{y}{A_2}\cos(\varphi_{02} - \varphi_{01}) = \sin^2(\varphi_{02} - \varphi_{01}) \tag{3}$$

1. $\varphi_{02} - \varphi_{01} = 0$ 时,由式(3)可得出轨迹的直线方程: $\dfrac{x}{A_1} = \dfrac{y}{A_2}$

2. 当 $\varphi_{02} - \varphi_{01} = \pi/2$ 时,由式(3)可得出轨迹的椭圆方程: $\dfrac{x^2}{A_1^2} + \dfrac{y^2}{A_2^2} = 1$

3. 当 $\varphi_{02} - \varphi_{01} = \pi$ 时,由式(3)可得出轨迹的直线方程: $\dfrac{x}{A_1} = -\dfrac{y}{A_2}$

4. 当 $\varphi_{02} - \varphi_{01} = 3\pi/2$ 时,由式(3)可得出轨迹的椭圆方程: $\dfrac{x^2}{A_1^2} + \dfrac{y^2}{A_2^2} = 1$

上述运动轨迹的李萨如图如图1-29所示。

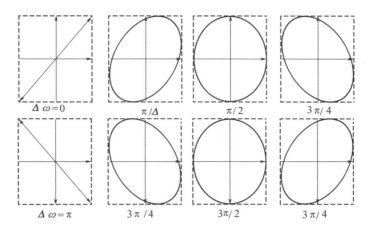

图 1-29　频率相同的李萨如图

当两个频率不同的相互垂直的振动合成时,其结果可能很复杂。设两振动为

$$x = A_1\cos(\omega_1 t + \phi_1),\, y = A_2\cos(\omega_2 t + \phi_2)$$

一般来说,合振动的轨迹与两分振动的频率之比及两者的相位都有关系,图形比较复杂,很难用一个数学分析式表达。但当两分振动的频率之比为整数时,轨迹是闭合的,运动是周期性的,这种图形叫李萨如图。图 1-30 为几种频率之比为整数时的图形,注意初始相位差不同、频率之比相同情况得到的图形是不同的。

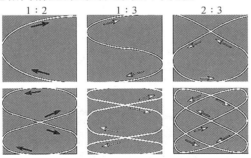

图 1-30　频率比为整数时的李萨如图

实验利用简谐振动合成仪的机械传动的方法,通过慢动作绘制出各简谐振动合成的李萨如图形。这种直观、形象的描绘过程,能清楚地观察频率比和相位差变化产生的不同李萨如图形。

[演示方法与现象]

1. 首先调节第一振动方向和第二振动方向使之垂直,且齿轮比为 1:1。分别打开第一振动在记录板上画出一条直线,第二振动在记录板上画出另一直线。

2. 调节第一振动的初始位置（0°或 180°）,第二振动初始位置在最右边。同时打开第一振动和第二振动的电源开关,观察振动合成的李萨如图。

3. 调节第一振动的初始位置（0°或 180°）,改变第二振动初始位置,使两振动形成一定的相位差,观察振动合成的李萨如图的振幅与相位差的关系。

4. 调节齿轮调速结构,把拉手由里往外拉,按齿和齿的次序可获速比(齿轮比):1:1、2:3、8:7、1:2。观察振动合成的李萨如图,找出图形特征与速比(齿轮比)关系。

[思考题]

1. 转速比与两个方向振动的频率比有何关系?

2. 简谐振动的基本参数是哪几个? 合成振动的轨迹与两个分振动的相位差有何关系? 什么情况下合成振动轨迹是闭合的?

3. 若给定一个李萨如图形,你能从图形中得出一些什么样的信息? 如果已知一个简谐振动的参数,可否得到另一简谐振动的参数?

[注意事项]

1. 电机启动后,禁止触摸仪器转动部件。

2. 实验结束,先关电源,并将齿轮比还原为1:1状态。

实验 1 – 21　音叉的共振演示

[实验目的]

观察音叉的共振现象,加深对共振、拍的理解。

[实验装置]

音叉一对、橡胶锤一对、小铁夹子。音叉由钢质音叉和共鸣箱组成(图1–31),共鸣箱的空气柱的固有频率与音叉振动的固有频率接近,能提高振动的机械能转化为声能的效率。

图 1 – 31　音叉和共鸣箱

[物理原理]

如果两个振动系统的固有频率相同,当一个发生振动时,引起另一个物体振动的现象称为共振,共振的效果是使接收振动的物体振幅增加。共振在声学中亦称"共鸣",在电学中振荡电路的共振现象称为"谐振"。实验中的两个音叉系统是固有频率相同的两个振动系统,如果一个音叉靠近另一个音叉,其中一个振动发声,另一个也会振动发声。

两个同方向的简谐振动在合成时,因为频率的微小差别造成的合振幅时而加强、时而减弱的现象称为"拍"。实验中两个频率相差很小的音叉同时振动时,可听到的时强时弱的声音,这就是拍音现象。

波源和观察者互相靠近或者互相远离时(做相对运动速度不为零),接收波的频率也会发生变化,这种现象叫做多普勒效应。实验中将振动的音叉在空中快速地移动,观察者听到的声音频率时高时低,就是多普勒效应。

[实验操作与现象]

1. 查看音叉固有频率,选择频率相同的两支音叉插在同样的共鸣箱上,箱口相对放置,用橡皮锤敲击其中的一个音叉,稍待一会儿随即握住此音叉使它停振,听没有被敲击的音叉是否有声音发出。重复几次。

2. 在一个音叉上夹一个小铁夹,用橡皮锤同时敲击两个音叉,仔细听混合后的声音,是否有嗡嗡的低频声音。重复几次。

3. 手拿一个音叉,用橡皮锤敲击它后,迅速移动它,仔细听发出声音的变化,并找出其规律。

[思考题]

共振现象普遍存在于自然界中,宇宙是在一次剧烈的大爆炸后产生的,而促使这次大爆炸产生的根本原因之一,便是共振。当宇宙还处于混沌的奇点时,里面就开始产生振荡了。最初的时候,这种振荡是非常微弱的。渐渐地,振荡的频率越来越高、越来越强,并引起了共振。最后,在共振和膨胀的共同作用下,导致了一阵惊天动地的轰然巨响,宇宙在瞬间急剧膨胀、扩张,然后,就产生了日月星辰,于是,在地球上便有了日月经天、江河行地,也有了植物蓬勃葳蕤、动物飞翔腾跃。

鸟类也是巧妙地运用着共振来演奏生命之曲的大师,它们运用共振所发出的圆润婉转的鸣叫声,是自然界生命大合唱中最为优美的声部和旋律。因此,如果没有共振,世界将会失去多少天籁,大地将会变得多么死寂!

当外界(如汽车、风)驱动频率与桥的固有频率相同时,就会达到共振,共振的效果是使桥的振幅逐渐增加,当动能逐渐增加到一定程度时,桥就会坍塌。

根据上述事例,你还可以举出自然界其他的共振现象吗?

实验 1-22　水 波 演 示

[实验目的]

演示水表面波的传播、衍射和干涉。

[实验装置]

水表面波演示仪如图 1-32 所示,由灯源、振源、水池、反射镜等组成。

[物理原理]

振动在媒质中传播形成波动。在各向同性的均匀媒质中,波面的形状保持不变,并且

图 1 - 32　水表面波演示仪

波的传播方向与波面垂直。水表面有一定的表面张力,所以在水面上可以激起横波,而在水中波是以纵波的形式传播的。如果波源是一个球形振子,则激起的是一列列的圆形水面波,如图 1 - 33(a)所示;如果波源是一个平面形振子,则可激起一列平面波,如图 1 - 33(c)所示。当两列频率相同、波源的相位差恒定不变的水面波相遇时,在相遇区域会产生干涉现象,即在相遇区域的某些位置上水面的振动始终很强,而在另一些位置上的水面振动始终很弱(几乎静止不动),使整个相遇区域内呈现出一幅稳定不变的干涉图案,如图 1 - 33(b)和(d)所示。

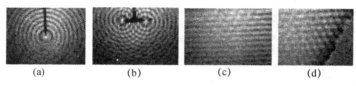

(a)　　　　　(b)　　　　　(c)　　　　　(d)

图 1 - 33　水表面波示意图
(a)圆形波;(b)两个圆形波的干涉;(c)平面波;(d)入射波与反射波的干涉

如果让波通过一个障碍物(如挡板等),随着障碍物的大小不同,波动可以绕过障碍传播出现波的衍射现象,也可以出现波的反射等现象。

[演示方法与现象]

1. 将水盘放在投影仪上,往水槽内注入 3~8 mm 深的清水。

2. 将振子固定在振源上,调节振源盒高度使振子插入水面 1~2 mm。

3. 打开投影仪后面的电源开关,调整振源侧面的频率旋钮和其上面的幅度螺丝,使水面上呈现出水波。

4. 各种振子的演示:用单振子可以演示圆波;用双振子可以演示双波源干涉;用平片振子可以演示平面波,再在水中放进不同的挡板,可演示波的衍射和反射等。

[思考题]

若将一单缝挡板放入水槽内,能否显示水面波的衍射现象? 对缝的宽度有何要求? 双波源连线上的干涉是否是驻波? 利用已有的配件能做出多少种不同波的演示?

[注意事项]

各种形状的振子要牢固地安装在振源上;各种振子使用时要与水面均匀接触和浸润;

振源工作时勿用手触摸;更换振子应关闭振源电源。

实验 1 - 23　驻波(绳波)演示

[实验目的]

通过驻波(绳波)演示实验,加深对驻波现象产生的认识。

[实验装置]

驻波(绳波)演示装置由大功率低频交流信号发生器、绳、振动源(喇叭)组成,如图 1 - 34 所示。

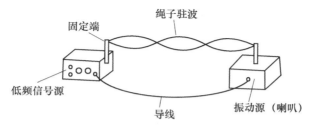

图 1 - 34　驻波(绳波)演示装置

[物理原理]

在同一介质中,两列频率、振动方向、振幅相同的简谐波,如果在同一直线上沿反方向传播,它们叠加形成波形不会移动的驻波。驻波的特征,可从理论上予以推证。

依据驻波条件所设,可以将两列波的表达式记为

$$y_1 = A\cos\left(\omega t - \frac{2\pi}{\lambda}x\right)$$

$$y_2 = A\cos\left(\omega t + \frac{2\pi}{\lambda}x\right)$$

在位置 x 处,两波合成为驻波的表达式可表达为

$$y = y_1 + y_2 = 2A\cos\frac{2\pi}{\lambda}x\cos\omega t$$

式中, $\cos\omega t$ 是简谐振动项, $\left|2A\cos\frac{2\pi}{\lambda}x\right|$ 是简谐振动的幅度。驻波幅度最大处为波腹,根据三角函数的知识,这些点的位置都满足 $\left|\cos\frac{2\pi}{\lambda}x\right| = 1$,即 $x = \frac{k\lambda}{2}(k = \pm 1, \pm 2, \cdots, \pm n)$ 时,振幅为 $2A$ 。驻波幅度最小处为波节,同理,这些点位置都满足 $\left|2A\cos\frac{2\pi}{\lambda}x\right| = 0$,即 $x = \frac{1}{4}(2k + 1)\lambda, (k = \pm 1, \pm 2, \cdots, \pm n)$ 。相邻的波节或波腹的距离均是 $\frac{1}{2}\lambda$, x 相同的点振幅都一样,说明波形不会向旁边移动。在本实验中,由大功率低频交流信号发生器提

供信号给振动源(喇叭)电能,再由振动源带动弹性绳一端上下作简谐振动,通过绳传播机械振动形成绳波,绳波(入射波)传递到另一固定端形成反射波,两波叠加形成驻波。

[演示方法与现象]

1. 固定好弹性绳子的两端。适当拉长绳子,使张力刚好拉直绳子,测量绳子的长度。
2. 打开电源,调节低频交流信号发生器的振动频率和振幅,使绳出现2个、3个、4个驻波波腹或波节。记下各次对应信号发生器频率旋钮的位置、频率和测量绳波的波长。注意绳固定端是不动的,因此是驻波波节位置。
3. 总结实验现象,并加以解释。
4. 实验结束,关闭电源,装置归位。

[思考题]

1. 用手拿绳子一端,使其垂直向下,手不停摆动也可以产生绳波,问该现象与本实验现象一样吗? 为什么?
2. 实验中如果绳子没有弹性,也能产生驻波吗?
3. 驻波产生需特定条件,这个性质可应用在哪些方面?

[注意事项]

为了防止振动源(喇叭)的损坏,实验中绳子不可拉紧。

实验 1 - 24   鱼   洗

[实验目的]

通过鱼洗的演示实验,了解认识平面共振的一种现象。

[实验装置]

青铜鱼洗、接水容器。鱼洗演示仪是由青铜浇铸而成的薄壁器皿,形似洗脸盆,盆底有四条"鱼"浮雕,鱼嘴处的喷水装饰线从盆底沿盆壁辐射而上,盆壁自然倾斜外翻,盆沿上有一对铜耳,如图 1 - 35 所示。

[物理原理]

古代将脸盆称为"洗",盆底装饰有鱼纹的,称"鱼洗";盆底装饰有龙纹的,称"龙洗"。这种器物在先秦时期已被普遍使用,而能喷水的铜质鱼洗大约出现在唐代。它的大小像一个洗脸盆,底是扁平的,盆沿左右各有一个把柄,称为双耳;盆底刻有四条鲤鱼,鱼与鱼之间刻有四条河图抛物线。鱼洗奇妙的地方是,用手缓慢有节奏地摩擦盆边两耳,盆内水会像受撞击一样振动起来,盆内水波荡漾。如果摩擦得法,可喷出水柱,如图1-36所示。

图 1－35　鱼洗　　　　　　　　　　　　　　图 1－36　鱼洗实验

　　将洗和洗中的水看成一个振动系统,在实验中用双手摩擦双耳,振动系统会随着摩擦而产生振动。当摩擦力引起的振动频率和系统的固有频率相等或接近时,手做的机械功被鱼洗同步吸收,当吸收的机械能量越来越多时,振动幅度会急剧增大。但由于洗底的限制,使鱼洗所产生的波动不能向外传播,于是在洗壁上的入射波与反射波相互叠加而形成驻波。驻波中振幅最大的点称为波腹,最小的点称为波节。一个圆盆形的物体,发生低频共振形态是由 4 个波腹和 4 个波节组成的,在一定条件下,也会产生 6 个或 8 个波腹、波节,但通常用手摩擦最容易产生数值较低的频率,也就是会出现 4 个波腹和 4 个波节组成的振动形态,洗壁上振幅最大处,水会立即激荡水面,附近的水激出而形成水花。当 4 个波腹同时作用时,就会出现水花四溅。

［演示方法与现象］

　　1. 在盆中倒入清水,水深达到盆深的 2/3 左右。
　　2. 洗净双手和双耳上的油污;用潮湿的双手来回摩擦铜耳。
　　3. 双手连续摩擦盆两边的双耳,感觉到双耳在手下振动,有“嗡嗡”声发出,这时可观察到如喷泉般的水珠从四条鱼嘴中喷射而出,水柱高达几厘米。
　　4. 重复实验几次,可以改变来回摩擦的频率,体会产生鱼洗共振的条件。

［思考题］

　　1. 手在双耳上摩擦所产生的振动频率与手运动快慢的关系如何? 为什么有时摩擦越快越不能产生喷射效果?
　　2. 实验过程中,手对双耳的正压力是否重要?
　　3. 鱼洗壁上的花纹有何作用? 没有花纹是否也可产生实验现象?

［注意事项］

　　1. 盆一定要放稳,尽量保持水平(可以在盆下垫一块湿布)。
　　2. 双手和双耳上的油污、汗迹一定要洗干净,以便增大手与双耳间的摩擦力;双手要保持同步摩擦,速度不宜过快,用力不宜过大。
　　3. 做本实验一定要有耐心,水花的喷射基本与人手摩擦铜耳的频率无关,故不能着急。

实验 1 – 25 超声雾化演示

[实验目的]

通过超声加湿器演示超声雾化现象,了解超声波的特性与应用。

[实验装置]

超声雾化加湿器的超声波的产生是利用压电陶瓷片的机—电换能效应,即压电陶瓷片加上高频电压后产生机械振动作用于水,使电能转变为超声能(机械能),加湿器的工作频率一般为 1.7 MHz 或 2.4 MHz,输出功率大于 10 W。

[物理原理]

机械波在弹性媒质(固体、液体、气体)中传播形成声波,在气体或液体媒质中传播的声波是纵波。频率在 20 ~ 20000 Hz 范围,人耳可以听到;频率大于 20000 Hz,超出了人耳听觉的上限,这种声波称为超声波;20 Hz 以下,人耳也听不到,这种声波称为次声波。

由于超声波频率高、波长短,超声波在液体和固体中传播能量的衰减比电磁波小,近似于直线传播。超声波传播中能使液体的疏密发生变化,且使液体时而受压、时而受拉,出现剧烈振动,使液体受到较强拉力作用发生断裂,产生小空穴,即液体的空化作用。如果超声发生器功率足够大,将使小空穴迅速胀大和闭合,使液体内部空穴发生猛烈的撞击作用,从而产生几千到上万个大气压的压强,空穴被压缩到极限时发生崩溃,液体内部出现局部的高温、高压、冲击波,甚至放电,使水面激起喷泉,出现大量悬浮的雾气(约 1 ~ 5 μm),这就是超声雾化现象。

超声波的应用常常分为检测超声和功率超声的应用。检测超声中超声波作为信号使用,如 B 超、雷达、水声应用;功率超声就是大功率超声,利用声能的机械作用、热作用、空化作用、生物医学作用(粉碎、乳化等)、化学作用,可以用来进行超声焊接、超声化学、超声清洗、超声加工(打孔、雕刻、抛光等)、超声治疗、超声手术、超声美容、超声马达与超声悬浮。

[演示方法与现象]

1. 检查容器的储水量,一般需装水量约为容器的 2/3,否则应加入适量的水;
2. 打开电源,调节雾化产生旋钮,出现超声雾气的现象即可;
3. 关断电源,解释超声雾化现象。

[思考题]

1. 上网搜索超声波在社会生活中还有哪些实际应用,它是利用了超声波的什么特性?
2. 设 20 ℃时声速在空气中传播速度为 340 m/s,问加湿器的超声波波长为多少?

[注意事项]

超声雾化加湿器通电前,必须按规定加入适量水才能使用,为防止超声雾化加湿器损坏,禁止无水使用。

实验 1－26　编 钟 演 示

[实验目的]

通过编钟的敲击演示,了解古代编钟的声学特点。

[实验装置]

编钟组、木槌。

[物理原理]

钟是一种用铜合金或铁合金制成的、中空的发声器物。按照钟形状结构的不同,常有圆形钟(图 1－37(a))与合瓦形钟(图 1－37(b))之分。

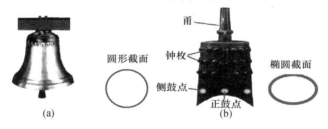

图 1－37　圆形钟和合瓦形钟及它们横截面

圆形钟的截面是正圆形,在寺庙、教堂比较常见,它发出的声音悠扬长久,声音持续时间长,因此无法成为乐器。合瓦形钟为我国古代独创,截面像两个瓦片合在一起类似椭圆,钟体扁圆,边角有棱,声音的衰减较快,将频率不同的钟依大小次序成组,悬挂在钟架上,形成合律合奏的音阶,称之为编钟组。

为什么编钟与圆形钟的声学特性有很多差别?经过近几十年我国科研人员的研究,发现其主要原因是圆形钟与合瓦形钟的截面不同。前者为各个方向对称的圆形(图 1－37(a)),后者近似为椭圆形(图 1－37(b))。运用振动理论分析得知两者振动模式不一样,圆形钟无论敲击哪个部位,其发音频谱都是一样的,并且声音衰减较慢。而对每个编钟的合瓦形钟,敲击正鼓点及敲击侧鼓点(图 1－37(b)),分别相当于敲击椭圆振动面的短轴和长轴,因此发出的声音模式不一样,产生了两个不同音高的乐音,两者的音程差是和谐音的大三度或小三度。一钟双音的优越性显而易见,既可扩大演奏功能,又可大大节省材料。同时合瓦形钟的延音较短(声音衰减较快),因此适合演奏。

在编钟的外表面还排列一定数量的突出的钟枚(图 1－37(b)),科研人员的研究发现,它们不仅有美化钟形的作用,更重要的是具有明显的声学效果:滤去高频,改善音质,对音色起到一定的调节作用。

1978 年在湖北随县出土的战国早期的曾侯乙编钟(图 1 - 38)是由 65 件青铜编钟组成的庞大乐器,其音域跨 5 个半八度,12 个半音齐备,比现代大部分打击乐器都宽,无论是中国民族乐曲还是西方交响乐都能演奏。尤为可贵的是,在钟体和附件上还篆刻有 2800 多字的错金铭文,记载了先秦时期的乐学理论,以及周、楚、齐等诸侯国的律名和阶名的相互对应关系,这一重大发现,改写了所谓"中国的七声音阶是从欧洲传来,不能旋宫转调"的说法。曾侯乙编钟代表着编钟发展历程中一个至今难以逾越的高峰。

图 1 - 38　曾侯乙编钟

[演示方法与现象]

1. 仔细观察编钟的形状、大小、质量,由上至下用木槌敲击不同的部位,敲击钟的前面的正鼓点与侧面的侧鼓点,辨别声音的差异。通过敲击,总结钟的发声规律。

2. 用木槌敲出七个音阶和一首乐曲,表现编钟具有乐器的基本特点。

[思考题]

编钟的铸造对形状、大小、质量和材料成分等有严格的规定,只有按规定才能制造出可以演奏的乐器。通过实验,你对这句话有何体会?

[注意事项]

敲击编钟一般是敲击接近钟口的边缘,敲击力量不宜过大。

实验 1 - 27　台式皂膜演示

[实验目的]

1. 演示液体的表面张力。
2. 演示振动实验。
3. 演示薄膜干涉。

[实验装置]

不锈钢框架、液槽,如图 1 - 39 所示。

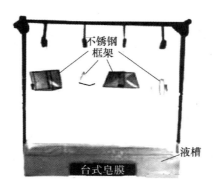

图 1 – 39　台式皂膜实验装置

[物理原理]

表面张力是由液体分子间很大的内聚力引起的。处于液体表面层中的分子比液体内部稀疏,所以它们受到指向液体内部的力的作用,使得液体表面层犹如张紧的橡皮膜,有收缩趋势,从而使液体尽可能地缩小它的表面面积。若在液体表面想象地画一条直线,直线两侧液面之间存在着相互作用的拉力,拉力的方向与所画的直线垂直,液体表面出现的这种力称为表面张力。表面张力的大小用表面张力系数 α 来表示。在液面上长为 L 的直线段两侧的拉力 F 可表示为

$$F = \alpha L$$

由于表面张力的作用形成皂膜,而不同形状的模型会拉出不同形状的皂膜,这体现了能量最低原理,即:在这种形状下,皂膜面积最小,能量最低。在白光照射下,由于皂膜两面的反射或透射光叠加产生光的干涉现象,呈现出彩色的干涉条纹。当皂膜液慢慢向下流时,皂膜变得上薄下厚,形成劈尖干涉,可以看到彩色的条纹带逐渐由窄变宽。

[演示方法与现象]

1. 选择一个圆环状铁丝框在肥皂液中蘸一下,再斜一点儿拉起来,就在圆环上得到一个肥皂膜,把圆环上下振动,可得到一个悬链曲面,这是薄膜在振动。

2. 将铁框对着灯光,观察干涉条纹,并注意其彩色条纹宽度的变化。

3. 换另一框重复上述步骤。

4. 总结实验结果,解释实验现象。

[思考题]

1. 为什么所有液体的表面都存在着表面张力? 研究表面张力有何意义? (可上网搜索。)

2. 为什么无色透明的肥皂泡在阳光或日光灯下呈现出彩色?

3. 为什么肥皂液浓度会影响皂膜的形成?

实验 1-28 多普勒效应演示

[实验目的]

通过对多普勒效应的演示,了解多普勒效应的特点和应用。

[实验装置]

实验装置由手摇转台、圆盘、小电喇叭等组成,如图 1-40 所示。

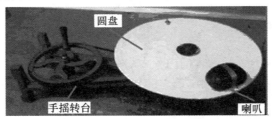

图 1-40 多普勒效应演示实验装置

[物理原理]

平时你是否注意过这样的现象:当一辆汽车响着喇叭从你身边疾驶而过时,喇叭的音调会由高变低。

1842 年,奥地利物理学家多普勒(Christian Doppler)在铁道旁散步时就注意到了类似的现象,他经过认真的研究,发现波源和观察者互相靠近或者互相远离时,观察到的波的频率都会发生变化,并且做出了解释。人们把这种现象叫做多普勒效应。

多普勒认为声波频率在声源移向观察者时变高,而在声源远离观察者时变低。

为了解释多普勒效应,把一队人看成是一列声波,每个人相当于一个波阵面。我们可以做这样一个模拟实验:让一队人沿街行走,观察者站在街旁不动,每分钟有 9 个人从他身边通过(图 1-41(a)),这种情况下的通过频率是 9 人/分。如果观察者逆着队伍行走,每分钟和观察者相遇的人数增加,也就是频率增加(图 1-41(b));反之,如果观察者顺着队伍行走,频率降低(图 1-41(c))。

对于声波和其他波动,情况相似:当波源和观察者相对静止时,1 s 内通过观察者的波峰(或密部)的数目是一定的,观察到的频率等于波源振动的频率;当波源和观察者相向运动时,1 s 内通过观察者的波峰

图 1-41 多普勒效应解释图

(或密部)的数目增加,观察到的频率增加;反之,当波源和观察者互相远离时,观察到的频率变小。设波源和观察者运动在一条直线上,那么多普勒效应可以表示为

$$f_1 = (u + v_0)/(u - v_s)f$$

其中,v_s 为波源相对于媒质的速度,v_0 为观察者相对于媒质的速度;f 表示波源的固有频率;u 表示波在静止媒质中的传播速度。当观察者朝波源运动时,v_0 取正号;当观察者背离波源(即顺着波源)运动时,v_0 取负号。当波源朝观察者运动时,v_s 取正号;当波源背离观察者运动时,v_s 取负号。从上式易知,当观察者与声源相互靠近时,$f_1 > f$;当观察者与声源相互远离时,$f_1 < f$。例如汽车运动速度为 20 m/s,空气中声速为 340 m/s,车鸣笛频率为 2000 Hz,那么用上述公式计算,正前方人听到的鸣笛频率为 340/(340 - 20) × 2000 = 2125 Hz,正后方人听到的频率为 340/(340 + 20) × 2000 = 1889 Hz。

本实验是波源(喇叭)运动,让手摇转台使小电喇叭转动,听取喇叭声音的变化情况,演示多普勒效应现象。

多普勒效应不仅在空气中的声波中可产生,而且在电磁波、光波等中也可发生。交通中的雷达测速、大气雷雨变化、医学中的血液流速测量都应用了多普勒效应。

[演示方法与现象]

1. 打开喇叭的开关,喇叭发出声音,这时听到喇叭发出的是单一频率的声音。

2. 转动转盘,这时会发现当喇叭朝着或远离我们运动时,会听到忽高忽低的喇叭声音,说明声音的频率在变化。

3. 本实验也可用手机定性演示,请你设计实验方法。

[思考题]

有一种微波防盗器利用了微波的多普勒效应,你能否描述其工作原理? 如果人的运动速度很慢,这种微波防盗器会起作用吗?

[注意事项]

转盘转速不能太快,一般控制在每秒转 1~2 周。

实验 1 - 29　气体流速与压强的关系演示

[实验目的]

通过气体流速与压强的关系演示实验,加深对伯努利方程的理解。

[实验装置]

气体流速与压强关系的实验装置如图 1 - 42 所示,装置的玻璃罩内有一个电机,它能带动球形转板(由两块竖直的塑料圆形板拼接而成)转动,下面有一张环形纸片。

图 1-42　气体流速与压强关系的实验装置

[物理原理]

理想流体在重力场中做稳定流动,同一流线上各处的压强、流速和高度之间满足下述关系式

$$p_1 + \frac{1}{2}\rho v_1^2 + \rho g h_1 = p_2 + \frac{1}{2}\rho v_2^2 + \rho g h_2 = C$$

如果在同一水平流线,则

$$p_1 + \frac{1}{2}\rho v_1^2 = p_2 + \frac{1}{2}\rho v_2^2 = C$$

上式称为伯努利方程。式中,p、ρ、v 分别为流体的压强、密度和流速。伯努利方程表明流线上流速大的地方压强小,流速小的地方压强大。

在本实验中,球形转板放置在一个密闭的玻璃罩内,在球形转板下方放了一张环形纸片,当球形转板绕竖直轴旋转时,带动玻璃罩内的空气也绕竖直轴转动,在球形转板的赤道面(水平面)附近,转板的线速度最大,带动附近的空气流速也最大,根据伯努利方程此处气压将最小;同理,在球形转板上下两极处,转板的线速度最小,气压最高。由于赤道面处的气压最小,两极的气压最大,形成了由高气压区(两极)指向低气压区(赤道面)的气压梯度。封闭的空气带动环形纸片旋转,环形纸片靠近赤道面一侧的气压小,背离赤道面一侧的气压大,于是在上下压力差的作用下,环形纸片飞到赤道位置,并随转板一起转动。

[演示方法与现象]

1. 打开玻璃罩,将环形纸片移动到中间,盖好玻璃罩。

2. 开启电源开关,电机旋转使球形转板转动,将看到环形纸片飞到赤道位置,并随转板一起转动。

3. 关断电源,打开玻璃罩,移动环形纸片到正中间。再重复 1、2 步骤,重现实验现象,并解释实验现象。

[思考题]

1. 火车站月台画有一白色线,人不许超过该线靠近铁路。解释为什么?
2. 每次实验,环形纸片都要移动到中间,才能保证环形纸片能升起,为什么?

[注意事项]

实验中请勿打开玻璃罩。

实验 1 – 30　飞机升力原理演示

[实验目的]

通过飞机升力演示实验,理解飞机升力产生的原理。

[实验装置]

模拟的飞机机翼、电子天平、风扇。

[物理原理]

如果流体中某时刻有一曲线或一曲线管,该曲线或曲线管上的任一流动质点的速度矢量均与曲线或曲线管相切,流体力学称它们分别是流线和流管。

运用能量守恒定律可以证明流体(气体或液体)在重力场中作稳定的流动,对同一水平流管,压强 p、流体密度 ρ 与流速 v 满足下式:

$$p + \frac{1}{2}\rho v^2 = C(恒量)$$

该式称为伯努利方程,其物理意义在于流速 v 增大时,压强 p 应变小,以保持 C 不变;反之,流速 v 减小,压强 p 应增大。

飞机能够升起,关键在机翼的形状呈流线形(图 1 – 43),下面平直、上面圆拱形,飞行时机翼相对空气有一定速度,流过机翼上方空气的流速大于机翼下方的空气流速,根据伯

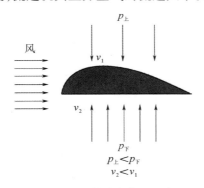

图 1 – 43　机翼升力产生示意图

努利方程,机翼下方压强比上方压强要大,形成一个向上的举力或升力,使得飞机升空。实验表明,举力大小与机翼的形状、面积、气流速度和机翼的迎风角度有关。

实验中模拟机翼静止的放在电子天平上,电风扇吹动空气,使空气与机翼有相对速度,当机翼受到向上的升力作用时,电子天平的读数会减少或者出现负数。

[演示方法与现象]

1. 打开电子天平开关,将模拟机翼置于电子天平上,读出机翼的质量。按电子天平"归零"按钮,使显示数字置零。轻轻托起机翼,注意电子天平示数的变化和正负符号。

2. 为避免风吹到秤盘面,手立起挡风板遮挡秤盘。打开电风扇,使风能水平地吹向机翼,观测天平的读数,并注意电子天平读数变化和正负符号,说明读数变化的物理意义。

3. 再移动电扇位置改变吹向机翼的风速大小,观测读数大小变化,说明读数变化的物理意义。

4. 关闭仪器电源。

5. 对实验测量进行总结和解释。

[思考题]

1. 飞机飞行速度不变,要增加飞机升力可以采取哪些措施?

2. 飞机种类很多,它们的升空原理都一样吗? 请说明。

[注意事项]

电子天平的量程为 3 kg,禁止承重超过量程。

实验 1 – 31 龙卷风的模拟

[实验目的]

通过龙卷风模拟,认识龙卷风的形成和特点。

[实验装置]

龙卷风演示仪是一个圆柱形的盛水筒,下部装有一个小电机带动的叶轮,如图 1 – 44 所示。实验时筒内需装满水。

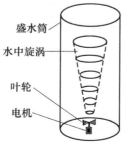

图 1 – 44 龙卷风演示仪

[物理原理]

龙卷风是一种伴随着高速旋转的漏斗状云柱的强风涡旋。龙卷风中心附近风速可达 $100 \sim 200$ m/s，最大可达 300 m/s，比台风近中心最大风速大好几倍。正如伯努利方程所描述的，流体流速快的部分压强小，流体流速慢的部分压强大，因此高速旋转的漏斗状云柱中心将出现气压很低的区域，一般可低至 400 hPa，最低可达 200 hPa（一个大气压的 $1/2 \sim 1/5$）。它具有很大的吸吮作用，可把海（湖）水吸离海（湖）面，形成水柱，然后同云层相接，俗称"龙取水"。由于龙卷风内部空气极为稀薄，导致温度急剧降低，促使水汽迅速凝结，这是形成漏斗云柱的重要原因。漏斗云柱的直径，平均只有 250 m 左右。龙卷风产生于强烈不稳定的积雨云中。它的形成与暖湿空气强烈上升、冷空气风向、地形作用等有关。

龙卷风的形成主要是由云层的上下温度差造成的，下降的冷空气和上升的热空气形成了气流涡旋。上面冷气流急速下降，下面热空气猛烈上升。上升气流到达高空时，如果遇到很大的水平方向的风，就会迫使上升气流"倒挂"（向下旋转运动）。由于上层空气交替扰动，产生旋转作用，形成许多小旋涡。这些小旋涡逐渐扩大，上下激荡越发强烈，终于形成大旋涡。大旋涡先是绕水平轴旋转，形成了一个呈水平方向的空气旋转柱。

人造旋风在一个无顶的圆柱塔（图 1-45）内形成。圆柱塔能把各个方向的风引进来。微风通过塔侧的汽门或者叶片进入塔内，然后绕弯弯曲曲的内壁盘旋上升，形成人造旋风。旋风盘旋到足够快时，会向上移动，并由塔顶冲出来。与天然旋风一样，气柱中心的气压非常低，并且形成部分真空，使塔下面的空气冲进去填满这一真空，并沿着旋风的心线向上动。

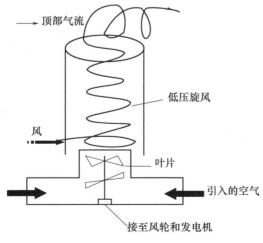

图 1-45　人造旋风示意图

龙卷风演示仪由盛水筒和电动叶轮构成，叶轮转动即可带动周围的水旋转，形成人造水旋涡，旋涡速度旋到足够快时，会逐步向水压相对小的上部移动，并且半径逐渐加大，像龙卷风那样中心的压强低，旋涡中心也形成部分真空（是无水的空心柱状），底部周围的水会补充进来，陆续沿旋涡方向填进来，并向上移动，形成水中"龙卷风"现象。

[演示方法与现象]

1. 先介绍龙卷风的特点。
2. 介绍龙卷风模拟仪器结构。
3. 接通电源,观察水流运动,解释实验现象。

[思考题]

龙卷风形成的过程一般时间很短(几分钟到几十分钟),请问原因是什么?

[注意事项]

由于电机功率小,通电时间每次不宜超过 3 min。

实验 1 - 32   逆 风 行 舟

[实验目的]

通过对逆风行舟的原理分析,加深对力的合成与分解的理解。

[实验装置]

小帆船、水池、风扇。

[物理原理]

根据风向与船本来航向(即无风时船的行驶方向)之间的关系,通常把船的航行方向分为:顺风——风向与船本来的航向相同;侧风——风向与船本来的航向有一定夹角,可以是锐角或钝角;逆风——风向与船本来的航向相反,逆风也叫顶风。逆风行舟最为困难。

对于风帆船,怎么逆风行舟? 如果船的实际航向仍沿本来航向,则不管帆面的取向如何,作用在帆上的风力总是船前进的阻力,因此,逆风行舟时若要扬帆借助风力,船实际的航向就不能沿原定航向,而应使船的实际航向偏离原定航向一定的角度,帆面与实际航向间也成一定的角度。下面作具体的受力分析。

1738 年,科学家丹尼尔·伯努利发现,气流速度快的地方压强小,反之速度慢的地方压强大。据此,逆风中的船如果帆以一定角度迎风,帆将被风吹为前面凹、后面凸的形状,如图 1 - 46 所示。气流在帆的背风面流动速度快形成低压区域,帆的迎风前面则流动速度慢,形成高压区域。高压区和低压区产生的合力如图 1 - 46 所示。这种情况类似于人迎着风打伞,如果伞是水平撑起的,人总是感觉伞受到向上的作用而被吹向上空。

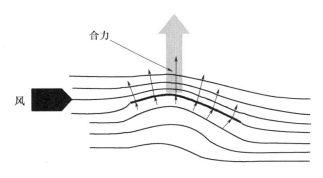

图 1-46　逆风中船的帆取向示意

　　逆风行舟时,风的合力的方向与帆近乎垂直,帆与船的龙骨(一种比较大的船舵)成一定角度,风吹帆的合力作用于船,会使船有侧移趋势,使得龙骨对水有侧向压力,水反作用于龙骨形成一个推力,其方向如图 1-47 所示。调好帆与风的角度、龙骨与船运动方向,这两个作用于船的合力可以推动船斜着向前。

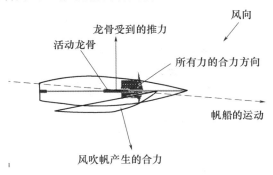

图 1-47　风吹帆与水推龙骨的合力

[演示方法与现象]

　　1. 首先在水池中装满水,使水面接近水池边 10~15 mm。

　　2. 将风扇放在水池一端,使风扇距水池约 5~10 cm 左右,接通电源,使风扇开始工作。

　　3. 观察小船的风帆和船底的龙骨结构。将小船放到水池的另一端,使风扇吹出的风能吹到船帆的斜面部分,调节船对风的角度,使船能够斜着向前,估测风对帆与龙骨的角度,便于做受力分析图。

　　4. 按照上述方法重复实验几次,找出能逆风行舟的经验。

　　5. 根据实验估测数据画出逆风行舟的受力分析图。

　　6. 实验完成后关闭风扇电源。

[思考题]

　　1. 逆风行驶时,船与风向的夹角越小,速度越慢吗?

　　2. 与逆风行舟类比,试分析风筝升空的原理。

[注意事项]

实验中风扇风力不宜太大,船要离风扇适当距离,并且实验过程中要不断调整船对风的角度,使船能够斜着前进,出现逆风行舟现象。

实验 1 – 33　流体流线演示

[实验目的]

演示流体作稳定流动时的流线形状。

[实验装置]

流体流线演示仪如图 1 – 48 所示,上部是贮水池,通过针管,有色液体可以流到下面的展示区。

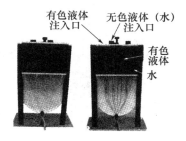

图 1 – 48　流体流线演示仪

[物理原理]

液体和气体总称流体。流体流动时,同一时刻流体内不同的地方各质元的流速是不同的,在不同时刻流过空间同一点的流速也不同,如果我们在流体内作一些曲线,使曲线上每一点的切线方向与该处的流速方向一致,这些曲线称为流线。如果流速的空间各点分布不随时间变化,则流线的形状将不随时间变化,这样的流动叫做稳定流动,流体作稳定流动时,流体内每一点都有唯一的流动速度,因此任意两根流线均不会相交。流体流线是流体动力学的重要概念,常常用于流体的运动分析中,如大气、江河的变化与特性表述。

[演示方法与现象]

1. 先将仪器漏水橡胶管的出水端放入接水桶中,并用夹子将橡胶管夹紧,阻止其漏水,同时将仪器顶部的螺杆旋紧,堵住有色液体盒的出水口。

2. 再将清水注入清水池,然后将稀释的红墨水注入墨水盒(有色液体盒),并使墨水盒中的水面稍低于清水盒中的水面。

3. 取下橡胶管上的夹子,使清水平稳地流出,当盒中的两个液面基本等高时,松开仪器顶部的螺杆,使红色液体从针管中流出,观察流线的形状。实验发现,当清水、红墨水缓慢地流过展示区时,清水和红墨水的流线互不混合、相交,在遇到障碍物时,可清晰地看到流线形状的改变,但不会相交。

4. 演示完毕,倒掉容器中的剩余液体,擦干桌面,整理好仪器。

[思考题]

磁力线、电力线和流体流线非常相似,你能否将静电学、磁学中的结论类比到流体力学中? 请举例说明。

[注意事项]

1. 在注水前,务必把仪器漏水管的出水端放在接水桶中,切勿让水直接流向地面。

2. 在实验中,若有一些针管内没有液体流出,这些针管可能被堵塞了,可以用细钢丝将它们打通。

实验 1－34　热力学第二定律的演示

[实验目的]

验证热力学第二定律(克劳修斯表述),即热量不可能从一个物体转移到另一个物体而不发生其他变化,或者说热量不可能自发地从低温物体流向高温物体。

[实验装置]

热力学第二定律(克劳修斯表述)演示仪由压缩机、高温热源(冷凝器)、毛细管(节流阀)气压计、低温热源(蒸发室)、温度计和卡诺循环管道等组成,如图 1－49 所示。

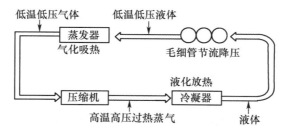

图 1－49　热力学第二定律演示装置示意图

[物理原理]

热力学第二定律是说明自然界宏观变化方向的规律,其基本内容包含以下几点。

1. 热不可能自发地、不付代价地从低温传到高温。(不可能使热量由低温物体传递到高温物体而不引起其他变化,这是按照热传导的方向来表述的。)

2. 不可能从单一热源取热,把它全部变为功而不产生其他任何影响。

3. 热能全部转化为功的过程是不存在的,自然过程总是向分子热运动无序方向进行。

上述内容是由克劳修斯 1850 年和开尔文 1851 年分别提出的。

我们平常所说的高温和低温都是人们约定的,而热力学第二定律所说的高温热源或低温热源是以热力学温标为标准来定义的,而热力学温标又是建立在卡诺定理基础上的。

实验时,压缩机工作,压缩机活塞上下推动使卡诺管内工质(理想气体)循环流动,工质内部压强增加,温度升高,高温热源(冷凝器)对外放热;然后内部工质经节流阀流向低温热源(蒸发室),而低温热源内部压强低,于是从外界吸收热量,最后工质又流向压缩机,经压缩机开始新的循环。整个工作过程就是一个卡诺循环过程,主要是由于压缩机做功,使内部工质的物态发生变化来完成的,从而表述了热力学第二定律的内容。

[演示方法与现象]

1. 开始装置未通电,整个系统处于热力学平衡状态,全封闭压缩机不工作,卡诺管内的工质呈气体状态,低温热源及高温热源内部压力相同,温度也相同,这些可以从气压计及温度计读出。

2. 接通电源,打开电源开关,压缩机工作,使气态的工作物质(工质)压缩,产生高温高压气体,成为高温热源,温度可达 40 ~ 50 ℃以上。经过散热器,高温热源开始向外界放出热量,用手触摸散热器明显发热,工质由气态转变为液态,由于节压阀(毛细管)的作用,使低温热源(蒸发器)内部的压强很低,流过节压阀的液态工质在低温热源处开始蒸发,温度下降,于是低温热源开始从外界吸收热量,蒸发器表面结霜。之后,卡诺管中的工质由于压缩机活塞的运行(吸收),又循环流到全封闭压缩机处。再通过压缩机活塞运行(压缩),开始下一次循环。至此就完成了一个完整的卡诺循环。

3. 实验过程需要装置运行一段时间现象才明显,中间不要停电,实验结束关闭电源。

[思考题]

热力学第二定律对单个或几个分子适用吗? 为什么?

[注意事项]

实验仪器的管道内装有氟利昂物质,要求密封,实验中严禁旋动灌气阀门。

实验 1 – 35 伽 尔 顿 板

[实验目的]

通过伽尔顿板来演示大量偶然事件的统计规律和涨落现象,说明物理学中随机与统计分布的关系。

[实验装置]

伽尔顿板装置示意图,如图 1 – 50 所示。

图 1 – 50　伽尔顿板装置示意图

[物理原理]

在一竖直平板上部钉有一排排等间隔的小铁柱,下部用一些隔板隔成等宽的槽;板的顶部装有漏斗形的入口,小球可以通过此口落入槽内,这个装置称为伽尔顿板。如果从入口处一个一个地投入小球,先放一个小球,小球下落的过程中会与一些小铁柱发生碰撞而落入下面的某一槽中;再放另一个小球,它与一些小铁柱也发生碰撞,也会落入某一个槽中,但不一定会是前一个小球落入的槽。继续释放小球,多次实验情况会说明:小球从入口下落后,与哪些铁钉碰撞后落入哪个槽完全是随机偶然的。但实验次数足够多后,会出现落入中间槽的小球较多,而两边槽中的小球则较少的情况。重复多次实验,结果大致相似,出现小球有规律的分布。实验表明:在伽尔顿板中,一个小球落入哪个槽是偶然的,而大量的小球落入各个槽的分布规律是确定的,大致为中间槽落得的小球最多,两旁的要少,且越偏离中间的槽越少,符合一定的统计分布规律。

[演示方法与现象]

1. 关闭伽尔顿板中部的隔板,翻转伽尔顿板,使小球都在隔板上部的漏斗内。

2. 小心抽开隔板,使小球一个一个或几个几个地通过隔板,可见每个小球落入哪个格中是完全任意的,表明这是一个偶然事件;随着下落的小球越来越多,小球在格中的分布呈现规律性,这表明个体无序和整体有序。

3. 重复步骤 1,完全抽开隔板,让大量小球通过隔板,落下的小球数量在格中形成有规律的分布特点,用白纸在外面描绘出小球的分布曲线。

4. 重复上述实验,可见每次小球的分布大致相同,但略有差别,说明大量偶然事件的整体有一定的规律性,这就是统计规律性。每次分布结果的略有偏差,就是统计规律中的涨落现象。

[思考题]

1. 伽尔顿布置的小铁柱要求均匀排布,这是为什么? 如果不均匀则意味什么条件被破坏?

2. 用单一个体测量统计规律的要求是什么? 用大量个体测量统计规律的要求如何? 小球与小铁柱相互碰撞的物理模型如何? 如何用计算机模拟这种运动?

实验 1 – 36　形状记忆合金花

［实验目的］

了解记忆合金的原理。

［实验装置］

形状记忆合金花（图 1 – 51）、电吹风、温度计。

［物理原理］

图 1 – 51　形状记忆合金花

具有形状记忆效应的合金称为记忆合金。目前发现的有"记忆"能力的金属都是合金。金属原子按一定的方式排列起来，处于一种稳定的结构，这种结构称为"奥氏体"。当记忆合金冷却到跃变温度以下时，将会过渡到另一种结构"马氏体"。"马氏体"还有甲、乙两种形态，在外力的作用下，两种形态可以相互转变。这种合金在外力作用下会产生变形，当把外力去掉时，在一定的温度条件下，能恢复原来的形状。由于它具有百万次以上的恢复功能，因此叫做"记忆合金"。形状记忆合金效应分为三种类型：

（1）合金低温时予以适当形变，加热到临界温度以上通过逆相交恢复其原始形状，冷却后不再恢复低温时的形状，称为单程记忆效应。

（2）合金加热时为高温相形状，冷却时恢复低温相形状，称为双程记忆效应。

（3）合金加热时为高温相形状，冷却时变为平直状，继续冷却变为取向相反的高温相形状，称为全程记忆效应。

已发现的形状记忆合金有几十种，如金镉合金、钛镍合金、铜锌铝合金及铜铝镍合金等，记忆合金作为一种新兴的功能材料已经得到广泛应用。例如，人造卫星和宇宙飞船上的天线是由钛—镍形状记忆合金制造的，它具有形状记忆功能。先将钛-镍合金天线制成抛物面，然后在低温下将天线缩小成一团，放入人造卫星或宇宙飞船舱内。当人造卫星或宇宙飞船发射并进入正常运行轨道后，天线在舱外经太阳光照射温度升高，就会自动恢复到原来的抛物面形状。

［演示方法与现象］

1. 本实验用的是全程记忆合金制作的金属花。

2. 用电吹风加热记忆合金花，花朵打开，注意测量形状变化时的温度；停止加热，温度降低，记忆金属花恢复原来的形状，注意测量恢复时的温度。

3. 总结实验结果，介绍记忆合金特性的原理。

[思考题]

作为一类新兴的功能材料,记忆合金的很多新用途正不断被开发。比如汽车的外壳用记忆合金制作,如果不小心碰瘪了,只要用电吹风加温就可恢复原状,既省钱又省力,很是方便。根据记忆合金的性质,你认为它有哪些方面可以应用?

实验 1 – 37　冰箱工作原理演示

[实验目的]

通过演示实验了解电冰箱的热力学循环过程。

[实验装置]

电冰箱演示实验装置的示意图如图 1 – 52 所示。

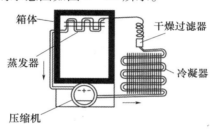

图 1 – 52　电冰箱演示实验装置示意图

[物理原理]

电冰箱主要包括 3 个基本的部件:压缩机、冷凝器和蒸发器。当冰箱通电开始运转时,电动机带动压缩机工作,吸入处于低压和常温状态下的氟利昂蒸气(制冷剂),将其压缩成为高温、高压(约为十几个大气压)的蒸气。高温、高压状态的氟利昂蒸气被送到冷凝器,冷凝器是一个多次弯曲的金属管。由于进入冷凝器的氟利昂蒸气的温度比室温要高,热量就通过冷凝器向外散发,这样氟利昂蒸气的温度降低,并从气态转化为液态氟利昂,随后液态氟利昂通过毛细管(直径较小的金属管)流向蒸发器。蒸发器的金属管直径比毛细管大得多,因此液态氟利昂进到蒸发器,压强骤然下降,发生剧烈蒸发。氟利昂从液态变为气态,需要吸热,伴随这一过程的是蒸发器温度降低。如图 1 – 53 所示。

由于热量总是从较热的物体向较冷的物体转移,冰箱中温度高的食物就将热量转移到蒸发器上,从而达到制冷的目的。蒸发器里的氟利昂蒸气重新被压缩机"吸进",从而开始下一个循环过程。

由于氟利昂会破坏臭氧层,现在已经被逐渐淘汰,改用其他的制冷剂,但它们制冷的原理仍是一样的。

电冰箱制冷的原理是通过工作物质(即氟利昂)的物态变化把箱体内的热量带到箱体外,从而使箱体内温度降低。这一过程也可以结合热力学第一定律解释。

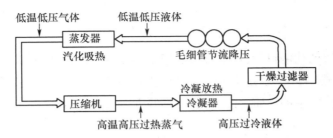

图 1 - 53　电冰箱制冷系统循环原理图

当工作物质到达蒸发器管道时,气体体积膨胀对外做功,忽略热传递的作用,由热力学第一定律公式 $\Delta U = W + Q$ 可知气体内能减少温度降低,此时蒸发器管道内工作物质的温度比箱体内温度更低,所以箱体内的热量传递给蒸发器管道内的工作物质。吸收了热量的工作物质通过管道到达压缩机被压缩,压缩机对气体做功,忽略热传递的作用,由热力学第一定律公式 $\Delta U = W + Q$ 可知气体内能增加温度升高,到达冷凝器管道内的工作物质的温度比外界环境的温度更高,所以管道内工作物质把热量传递给外界环境。

由以上分析可知,当工作物质到达箱体蒸发器时,吸收冰箱内的热量,当工作物质到达箱体冷凝器时向外环境放热,从而实现了热量由冰箱内带到冰箱外,即实现了冰箱制冷。在这里,工作物质充当了传递热量的携带者。

[演示方法与现象]

1. 仔细观察电冰箱演示实验仪的构成,找到压缩机、冷凝器和蒸发器三个部件。

2. 合上装置的电源开关,让压缩机开始工作,稍等片刻后,用手触摸冷凝器、蒸发器以及压缩机的进气和排气管,注意各部件温度的差异。

3. 制冷过程可通过 LED 示教板灯的走向,解说电冰箱每一步的工作。

4. 实验结束及时关断电源。

[思考题]

通过了解常用电冰箱结构,你能否解释其每一部件的作用?怎样以消耗同样的功率获得较好的制冷效果?现在的制冷技术还有哪些?(可通过网络查询相关资料)

[注意事项]

1. 由于装置所有部件都是外露的,整个系统必须密封,因此不要用力弯曲各部件管道,禁止扭开充气阀门。

2. 实验中途不要关掉电源,实验结束再关掉电源。

第2篇 电磁学及其综合演示实验

实验2-1 几种常见带电体的电场线

[实验目的]

通过实验,直观理解电场线的概念及点电荷、均匀带电球壳、电偶极子、带电平板等产生的电场线分布的物理图像。

[实验装置]

实验装置如图2-1所示,图中(a)为模拟点电荷,(b)为模拟电偶极子,(c)为模拟带电平板。

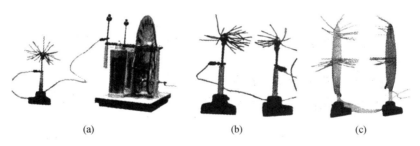

图2-1 几种常见导体的电场线实验装置
(a)点电荷;(b)电偶极子;(c)带电平板

[物理原理]

为了能形象地显示静电场中电场线的分布,我们将一些柔软的、很轻的彩色绝缘细丝线放入电场中。这些细丝线在电场中被极化后等效于一个电偶极子,电介质在电场中的极化(以有极分子电介质为例)如图2-2所示,(a)是无电场时的情况,(b)是被电场极化后的情况。有极分子电介质的每个分子都等效于一个电偶极子。

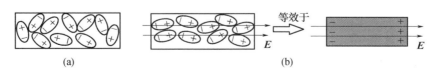

图2-2 电介质在电场中的极化
(a)无电场时;(b)被电场极化后

在无电场时,由于分子的热运动,每个电偶极子的取向都是杂乱无章的,故电介质整体对外不显示电性;有外电场存在时,在电场力的作用下,每个电偶极子的取向都趋于一致,电介质被极化,在介质两端出现极化电荷。于是,在电场力的作用下,细丝线被拉直并沿电场线方向排列,从而能直观地显示电场线的分布。不过,在一个较大的范围内,如果电场线按曲线分布(如电偶极子的电场线),则被拉直的细丝线只能大致表示电场线的趋势,而不能准确地表示弯曲的电场线。

根据电磁学理论,真空中带电量为 Q 的点电荷,其场强分布规律为

$$E = \frac{Q}{4\pi\varepsilon_0 r^2}\boldsymbol{r}$$

式中,ε_0 是真空的电容率,r 是点电荷到场点的矢径大小,$\boldsymbol{r}$ 是该矢径的单位矢量。电荷面密度为 σ 的无限大均匀带电平板外的电场强度为

$$E = \frac{\sigma}{2\varepsilon_0}$$

方向与板面垂直。两个带等量异号电荷的无限大均匀带电平板之间的电场强度为

$$E = \frac{\sigma}{\varepsilon_0}$$

上述三种带电体及电偶极子、两个电量相等的点电荷系的电场线分布如图 2-3 所示。

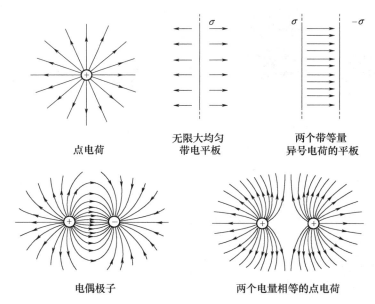

图 2-3 几种常见带电体的场线分布

[演示方法与现象]

1. 检查手摇感应起电机能否正常起电。

2. 观察点电荷的电场线。

（1）用导线把感应起电机的一个放电叉与导体小球的金属杆相连,并把两个放电叉的端点分开 15 cm 以上。

（2）转动感应起电机的手轮,同时观察小球上细丝线的张开情况。

（3）观察完毕后,将起电机的两个放电叉相互接触,使之完全放电。

3. 观察均匀带电平板的电场线。

（1）用导线把起电机的一个放电叉与导体平板相连,并把两个放电叉的端点分开 15 cm以上。

（2）转动感应起电机的手轮,同时观察导体板上两侧细丝线的张开情况。

（3）观察完毕后,将起电机的两个放电叉的端点相互接触,使之完全放电。

4. 观察两个带等量异号电荷的平行导体板之间的电场线。

（1）用导线把起电机上的两个放电叉分别与两个互相平行的导体平板相连,并把两个放电叉的端点分开 15 cm 以上。

（2）转动感应起电机的手轮,同时观察两导体板之间细丝线的张开情况。

（3）观察完毕后,将起电机的两个放电叉相互接触,使之完全放电。

5. 观察电偶极子的电场线。

（1）用导线把起电机两个放电叉分别与两个相距约为 10 cm 的导体小球相连,并把两个放电叉的端点分开 15 cm 以上。

（2）转动感应起电机的手轮,同时观察两导体球上细丝线的张开情况。

（3）观察完毕后,将起电机的两个放电叉相互接触,使之完全放电。

6. 观察两个带等量同种电荷的金属球周围的电场线。

（1）把两个金属小球串联后接在感应起电机的同一个放电叉上,并把两个放电叉的端点分开 15 cm 以上。

（2）转动手轮,观察金属球上细丝线的张开情况。

（3）观察完毕后,将起电机的两个放电叉相互接触,使之完全放电,并整理仪器。

[思考题]

1. 如果感应起电机上的放电叉没有充分放电时,就用手去接触它,会产生什么严重后果?

2. 电力线模型与理论上的概念有哪些差异? 为什么可以形象地演示电力线?

[注意事项]

手摇感应起电机上两放电叉之间的电压可达几万伏。因此,在接线之前,必须首先将两个放电叉的端点互相接触,使之完全放电,以免被电击。

实验 2-2　导体表面的场强大小与曲率的关系演示

[实验目的]

通过实验,直观理解导体表面的场强大小与表面的曲率半径成反比。

[实验装置]

实验装置如图 2 - 4 所示,本实验装置的几个异形金属导体安装在绝缘的支架上,感应起电机产生高压静电。

图 2 - 4　导体表面的场强实验装置
（a）异形导体；（b）异形导体板

[物理原理]

在静电场中,由于导体所带的自由电荷相互作用(包括感应电荷)使得电荷只能分布在导体的外表面,而导体内部及内表面上则处处没有电荷分布,导体内部(包括腔内)的电场强度一定处处为零,导体外表面的电场强度的方向一定处处与导体表面垂直,这称为导体的静电平衡。电场强度大小与导体表面的电荷面密度 σ 成正比,即

$$E = \frac{\sigma}{\varepsilon_0} \boldsymbol{n} \tag{1}$$

式中,$\boldsymbol{n}$ 表示导体表面的法向单位矢量。

实验和理论还证明,导体表面的电荷面密度的分布与表面曲率有关,曲率半径越小处,电荷面密度越大。根据式(1)可以推得导体表面的电场强度也与曲率半径有关,曲率半径越小处(该处形状越尖锐),σ 越大,表面外的场强 E 越大。在本实验中,形状不规则的导体表面粘贴了一些轻质的、柔软的、绝缘性良好的细丝线,这些细丝线在电场中可被极化。场强越大,丝线被极化的程度越高,受到的电场力也越大,细丝线与导体表面张开的角度也越大,反之张角度要小些。我们通过细丝线与导体表面张开的张角大小定性地表示导体表面的场强。

[演示方法与现象]

1. 检查手摇感应起电机能否正常起电。

2. 观察异形导体表面附近的场强分布。

（1）用导线把起电机的一个放电叉与一个异形导体相连,并把两个放电叉的端点分开 15 cm 以上。

（2）转动感应起电机的手轮,同时观察异形导体上各处细丝线的张开情况,并判断异形导体表面各处的场强大小。

（3）改变异形导体,重复上述操作,观察各处细丝的张开情况,分析导体表面各处的场强大小。

（4）观察完毕后,将起电机上两个放电叉相互接触,使之完全放电,并整理仪器。

[思考题]

将带绝缘柄的带电金属小球与验电器的金属小球相连,并使验电器外壳接地,当带电小球在验电器的金属小球上各处移动时,可以看到验电器的指针张角不变,为什么?

[注意事项]

感应起电机起电后,两个放电叉上的静电电压可达几万伏,所以在接线前一定要先让两个放电叉互相碰几下,使之充分放电,以免被电击。

实验 2-3　电 风 轮

[实验目的]

观察尖端放电的一种现象。

[实验装置]

实验装置如图 2-5 所示。其中,电风轮由金属片制成,转轮的边缘是朝一个方向偏转的尖端,中心有一个轴套,轴套被水平顶在针尖,转轮可以灵活地转动。

图 2-5　电风轮实验装置

[物理原理]

导体静电平衡时,由于静电场的作用,所带电荷都被排斥到(包括感应电荷)表面,一直到金属内电场强度为零。表面电荷的分布与表面形状相关,表面越尖锐的地方聚集的电荷密度越大,因此附近的电场也越强。在强电场的作用下,尖端附近的空气中少量的离子被加速,撞击其他空气分子使得电离,与尖端相同极性的离子被排斥,形成了所谓"电风"。由于金属风轮的尖端为对称的,"电风"的反作用力构成的力矩使风轮转动。

[演示方法与现象]

1. 检查手摇感应起电机能否正常起电。
2. 匀速转动感应起电机,观察电风轮的运动,注意其方向,当电风轮产生尖端放电时,其受到的反冲力足以使转轮转动。

3. 实验完毕,用放电叉将残余电荷放掉。

[思考题]

1. 尖端放电时风轮受到一个合力矩作用而转动,试说明该力矩是怎样产生的?

2. 是否能设计一个方法,判断电风轮所受的力矩是来自带正电粒子还是带负电粒子的作用?

[注意事项]

电风轮应水平放置在转动金属支架上,并能转动自如。

实验 2 - 4　电风吹火——尖端放电演示

[实验目的]

演示尖端放电现象。

[实验装置]

实验装置如图 2 - 6 所示,由高压电源、绝缘的金属针尖、绝缘的蜡烛台组成。

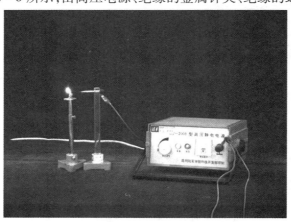

图 2 - 6　电风吹火实验装置

[物理原理]

导体静电平衡时所带电荷(包括感应电荷)仅分布在表面,且与表面形状相关。导体表面越尖锐的地方,聚集的电荷密度越大,因此附近的电场也越强。在强电场的作用下,使尖端附近的空气中残存的离子发生加速运动,这些被加速的离子与空气分子相碰撞时,使空气分子电离,从而产生大量新的离子。与尖端上电荷异号的离子受到吸引而趋向尖端,最后与尖端上电荷中和;与尖端上电荷同号的离子受到排斥而飞向远方形成"电风",把附近的蜡烛火焰吹向一边,甚至吹灭。

[演示方法与现象]

1. 将静电高压电源输出端接到针形导体上,将接地线接触地面,点燃蜡烛。
2. 开启高压电源,调节高压输出电压(15～30 kV),同时观察电风吹火现象。
3. 演示完毕,首先调低高压输出,关闭高压电源,再用与接地线连接的软导线接触针形导体使它完全放电,随即断开高压输出端连线。

[思考题]

导体棒尖端带正高压和带负高压做本实验,有区别吗? 为什么?

[注意事项]

针形导体应对着蜡烛火焰的根部,相距 1.5 cm,效果较明显。

实验 2-5　静 电 滚 筒

[实验目的]

演示尖端放电产生的力学效应。

[实验装置]

静电滚筒如图 2-7 所示,实验装置由静电滚筒和静电高压电源组成。

图 2-7　静电滚筒实验装置

[物理原理]

一个可绕中轴转动的绝缘塑料筒,滚筒两边与滚筒中轴平行放置一对放电杆,在杆上有若干垂直于杆而指向滚筒切线方向的尖针作为放电的尖端。当两个电极杆之间加上高电压时,尖针附近空气被电场击穿而放电,尖针放电所产生的带电粒子受电场作用形成"离子风",作用于塑料筒,产生力矩使滚筒转动。

[演示方法与现象]

1. 将静电高压电源输出端接到两个电极杆上,将接地线接触地板。

2. 打开高压电源,调节高压输出电压(15~20 kV),两电极杆分别带上正、负电荷后,绝缘塑料筒在静电尖端放电形成"离子风"的作用下转动。

3. 实验完毕,关闭电源,绝缘塑料筒随之停止转动,最后将残余电荷放掉。

[思考题]

1. 本实验中为什么用两排放电针? 如果将绝缘塑料筒改为金属筒可以吗? 为什么?

2. 滚筒表面粘贴有一条箔片,对本实验有何作用? 如果没有,可否产生实验现象?

[注意事项]

使用高压电源时注意安全,不要用湿手触及高压电源。

实验2-6 静 电 跳 球

[实验目的]

演示电荷与电荷之间的相互作用规律,即同种电荷互相排斥、异种电荷相互吸引的规律。

[实验装置]

实验装置如图2-8所示,平行的金属板中间悬挂着一个表面镀有金属膜的乒乓球。

图2-8 静电跳球实验装置

[物理原理]

自然界中存在两种电荷——正电荷和负电荷,电子和质子是自然界中最小的带电体,其所带电量分别是 $-e$ 和 $+e$。如果一个物体上的任意部分所带的正电荷数与负电荷数都相等,则物体不带电显示电中性;如果物体上某处的正电荷数大于负电荷数,则该处带正电;反之带负电。电荷与电荷之间有相互作用力,其基本规律是:同种电荷相互排斥,异种电荷互相引。真空中相距为 r 的两点电荷 Q_1、Q_2 之间的相互作用规律由库仑定律给出,即

$$F = \frac{Q_1 Q_2}{4\pi\varepsilon_0 r^2}r_0$$

式中, r 是两点电荷之间的距离, r_0 是其单位矢量。

用场的观点来看, 这种电荷与电荷之间的相互作用是通过电场来传递的, 这种相互作用力也称为电场力。当电荷 Q 处在其他电荷产生的电场 E 中时, 电荷 Q 受到的电场力为

$$F = QE$$

本实验中, 两金属板(两极板)分别带正、负电荷, 跳球(用镀膜乒乓球代替)两边分别感应出与邻近极板异号的电荷, 使两极板间电场分布发生变化, 球与极板相距较近的一侧场强较强, 因而球受到的电场吸引力较大, 而另一侧与极板距离较远, 场强较弱, 受到的吸引力较小, 这样乒乓球就摆向距球较近的一个极板, 当乒乓球与这极板相接触时, 球上的电荷首先被中和, 再带上与该极板上相同的电荷。由于同种电荷互相排斥, 使得乒乓球排斥又摆回来, 并被另一极板电荷吸引, 乒乓球接触极板后电荷中和, 又被排斥, 向另一极板运动。不断摇动起电机使两极板带电, 球就在两板间往复摆动, 并发出乒乓响声。起电机停止转动后, 由于极板上还保留电荷, 在一段时间内乒乓球仍然摆动, 直至极板电荷都被中和, 最后停止在平衡位置。

[演示方法与现象]

1. 将两极板分别与静电起电机正、负两极相接。
2. 调节有机玻璃支架或拨动小球, 使球偏向一极板。
3. 慢慢地摇动起电机, 使两极板分别带正、负电荷, 此时小球便会在两极板之间来回跳动。
4. 调节小球到两极板间的距离相等, 小球受电场力几乎相等, 使其不动。

[思考题]

1. 如何测量小球所带的电量? 平行圆盘的电场是如何分布的? 何处的场强最大? 何处演示小球摆动明显?
2. 如果只用一块金属板演示, 乒乓球能来回摆动吗? 为什么?

[注意事项]

起电机每次用完后或要调整带电系统时, 都要将放电球做多次短路, 使其充分放电, 以防发生触电。

实验 2-7　静 电 除 尘

[实验目的]

演示在静电场作用下消除烟尘的方法, 理解静电除尘原理。

[实验装置]

实验装备由模拟烟囱和产生静电高压的静电起电机组成, 模拟烟囱如图 2-9 所示。

图 2-9　模拟烟囱实验装置

[物理原理]

　　模拟烟道是有机玻璃管做成的。在玻璃管的内壁绕有金属丝,管内中轴线上也有一根金属杆,在两根金属丝上分别加上高压静电后形成两个电极。两极间的强电场使空气分子电离,形成正、负离子,这些离子与烟粒相遇时,使烟粒分别带上正、负电荷,带电烟粒在电场的作用下,分别向两电极运动并与电极上异种电荷中和,沉积在电极上,从而达到除尘的效果。

[演示方法与现象]

　　1. 检查手摇感应起电机能否正常起电。
　　2. 用导线把起电机的两个放电叉分别与模拟烟道上的两个电极相连,并使两个放电叉的端点相距大于 15 cm。
　　3. 在模拟烟道下面的铁盒内放一支点燃的蚊香(或香烟),使烟道内充满烟雾。
　　4. 转动感应起电机,使电极带电,观察烟道内的烟雾浓度变化。
　　5. 改变两电极的极性后,重复步骤 3 和 4,观察除尘效果是否有所不同。
　　6. 观察完毕后,将起电机上两个放电叉相互接触,使之充分放电,并整理仪器。

[思考题]

　　静电除尘可否改为用交流高压电源加在电极上进行? 为什么?

[注意事项]

　　感应起电机起电后,两个放电叉上的静电电压可达几万伏,所以在接线前一定要先让两个放电叉互相接触,使之充分放电,以免被电击。

实验 2-8　静 电 植 绒

[实验目的]

　　了解静电在生产中的应用,并模拟演示静电植绒。

[实验装置]

实验装置如图 2 – 10 所示,由高压电源和绝缘织绒盒组成。织绒盒上下是金属板电极,内装模拟的绒毛。

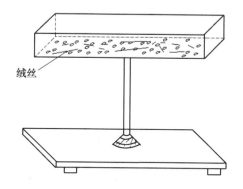

绒丝

图 2 – 10　静电植绒实验装置

[物理原理]

利用高压静电将绒毛植入各种物体表面的方法叫静电植绒。静电植绒是利用电荷同性相斥、异性相吸的原理。将绒毛放在织绒盒中,把需要植绒的白纸贴在上板并上胶。如果将下金属板带上高压负电,上板带上正电,织绒盒内形成高压电场。接触下板的绒毛带上负电荷,在电场作用下受到排斥,被加速飞到需要植绒的白纸表面上。由于白纸表面涂有胶黏剂,绒毛就被粘在被植物体上了。上板其他处的绒毛电荷中和后,再带上正电荷,又被排斥下来。重复多次,最后白纸上胶的地方就被植入很多绒毛。

[演示方法与现象]

1. 先在织绒盒内撒入绒毛或泡沫等物质,再在上板的白纸上用胶水涂出一个图案。
2. 将高压静电电源的正、负极分别接在上、下金属极板上。
3. 接通高压电源,则绒毛或泡沫等物质向上运动,在白纸上有胶水的图案处绒毛被粘住,其他部分的绒毛接触上板带上正电荷被排斥,向下运动。于是我们可以看到没有粘住的绒毛上下跳跃。
4. 经过一段时间后,关闭电源,上、下电极板用金属杆同时接触放电,取出上极板下方的白纸,就可以看到植绒图案。

[思考题]

1. 仔细观察静电植绒形成的图案,会看到绒毛是直立的,为什么?
2. 实验中的植绒可否用非常细的金属粉末代替,为什么?

[注意事项]

1. 注意高压静电的安全使用。
2. 不要撒落绒毛。

实验 2 - 9　静电屏蔽演示

[实验目的]

用金属丝笼演示静电屏蔽现象,了解静电屏蔽的实际应用。

[实验装置]

实验装置如图 2 - 11 所示,由金属网罩、验电器、手摇起电机等组成。

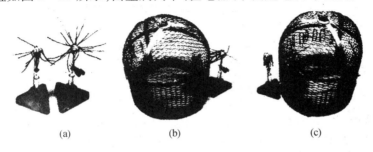

(a)　　　　　　　　(b)　　　　　　　　(c)

图 2 - 11　静电屏蔽演示装置

(a) 静电感应;(b) 屏蔽外部电场;(c) 屏蔽内部电场

[物理原理]

为防止外界的场（包括电场、磁场、电磁场）进入某个需要保护的区域,其方法称为场屏蔽。屏蔽分为静电屏蔽、静磁屏蔽、电磁屏蔽 3 种,每一种屏蔽的物理原理有所不同。本实验是演示静电屏蔽现象。

导体内有大量可以自由移动的自由电荷（自由电子）,除了热运动外,它们还能在静电场的作用下作定向的运动。静电场作用使自由电荷重新分布,而运动到导体表面的自由电荷受金属原子电场约束,不会飞离导体,只能停留在表面,不会再做定向运动。这种重新分布一直到导体内场强处处为零而结束,此时导体称为处于静电平衡状态。导体处于静电平衡时,导体内部的场强一定处处为零,导体表面的场强处处与表面垂直或为零,从电势的角度来看,导体是个等势体,否则自由电子还会由于电场力作用（电势差存在）重新分布,直到处于平衡为止。

下面根据在静电场中导体内部场强始终为零的特点,分析空腔导体场强规律。

对于一个处于外电场中的空腔导体,由于静电感应,导体（不是空腔）内自由电荷重新分布,导致导体外表面出现正、负感应电荷,直到导体处于静电平衡状态为止。由于导体内部（不包括空腔）的电场强度处处为零,即导体外部的电场线只能终止于导体表面,空腔内部的电场强度与腔外场强的大小和分布无关,只与腔内带电体的电量、位置和空腔内壁的形状有关。即腔外的电场强度不论如何分布、变化,均不影响空腔内部电场强度的分布,如图 2 - 12 所示。

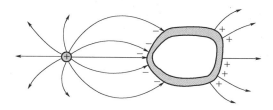

图 2 - 12　外场强不影响导体内空腔

如果空腔导体接地,当空腔内部有带电体时,不论空腔内部的电荷和电场分布如何变化,由于导体内部(不包括空腔)的电场强度处处为零。因此带电体也不会对空腔外部的场强分布产生任何影响,如图 2 - 13 所示。

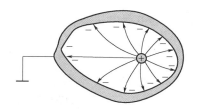

图 2 - 13　空腔接地时导体内场强不影响外面

本实验用金属网罩代替封闭的金属壳,演示静电屏蔽。导体的静电屏蔽有两方面的意义。其一是实际意义,屏蔽使金属导体壳内的仪器或工作环境不受外部电场影响,也不对外部电场产生影响。因此有些电子器件或测量设备为了免除干扰,都要实行静电屏蔽,如室内高压设备都罩上接地的金属罩或较密的金属网罩。高压带电作业中,工人穿上用金属丝或导电纤维织成的金属服,可以对人体起屏蔽保护作用。其二是理论意义,导体的静电屏蔽现象间接验证了库仑定律。高斯定理可以从库仑定律推导出来,如果库仑定律中的平方反比指数不等于 2 就得不出高斯定理。反之,如果证明了高斯定理,就证明库仑定律的正确性。根据高斯定理,绝缘金属球壳内部的场强应为零,这也是静电屏蔽的结论。

［演示方法与现象］

1. 使感应起电机的放电叉相距 1 cm 左右,手摇感应起电机检查放电叉能否正常放电,再将金属网罩置于绝缘座上。

2. 将内、外表面贴有丝线或薄纸片的"鸟笼"(金属网罩)与感应起电机的放电叉连接,手摇感应起电机,将出现网罩内丝线不会张开,外面的丝线张开的现象,这表明金属网罩内场强为零,外面电场不会影响金属网罩内部,金属网罩具有静电屏蔽作用。

3. 把验电器置于绝缘座上,与金属网罩相连。将金属网罩住验电器,并与感应起电机的放电叉连接,转动静电起电机,观察验电器是否带电(薄片是否张开)。

4. 实验完毕,将起电机的两个放电叉互相接触,使之充分放电。

5. 用金属网罩上收音机或手机,体验收音机或手机接收信号情况。

[思考题]

为什么在电梯或火车内,收音机或手机常常收不到信号或信号非常弱? 请利用电磁波性质加以解释。

实验 2 – 10 避 雷 针

[实验目的]

演示避雷针的放电现象,了解避雷原理。

[实验装置]

实验装置如图 2 – 14 所示,由静电起电机和避雷针模型组成。

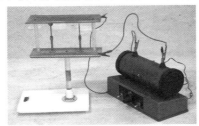

图 2 – 14 避雷针演示实验装置

[物理原理]

云在空中运动时,由于摩擦等原因可能携带上电荷。随着携带电量的增加,云与地面之间的电场增强,电场增强到一定程度,就会产生云与云或云与地之间的放电现象。这种放电的能量极高,具有一定的破坏性,称为雷击现象。避雷针可以防止雷击现象的产生,避雷针是基于导体的尖端放电的原理制成的装置。

导体中电荷是可以自由移动,因此在静电平衡时,导体上所带的电荷(包括感应电荷)受电场作用只能分布在导体的表面,且导体表面上的电荷分布与导体的表面形状有关。同种电荷的相互排斥,使导体表面越尖锐的地方,聚集的电荷量越大,该处附近的电场强度也越强。在强电场的作用下,尖端附近空气中残存的少量带电离子会做加速运动,获得足够的动能后与其他空气分子发生碰撞,使这些分子电离,从而产生大量新的离子,它们被针尖上极性相反的离子吸引,与针尖上的电荷发生中和,从而使得避雷针电势迅速下降,这就是导体的尖端放电现象。

在避雷针模拟实验中,球形导体的顶部(模拟建筑物的顶部),在板间高电压的作用下与上极板(模拟带电云层)之间产生火花放电现象,放电后,板间电压基本消失。如果两极板又被充电,便可以形成断续的火花放电,并伴有"啪啪"的声响。当演示实验装置放入避雷针后(针尖的高度与导体球的顶部等高),导体球与上板之间的火花放电现象消失了。这是因为在针尖处产生了尖端放电现象,感应电荷在针尖处能被及时、连续、(相对)缓慢地释放了,避免了电荷在球形导体顶部大量堆积、聚集大量能量后出现火花放电现象。实际建筑或设备用的避雷针是和大地相连的,当带电云层接近它时,云层感应大地产生的异种电荷会聚集到金属的避雷针尖端,在尖端强电场的作用下,避雷针把雷雨云层中的电荷提前吸引过来给予中和释放,从而避免周围的建筑物遭雷击破坏。因此,有人把避雷针戏称为"引雷针"。

[演示方法与现象]

1. 检查手摇感应起电机能否正常起电。

2. 用金属球模拟建筑物、金属针尖模拟避雷针。首先,使装置的上下两个金属板分别用导线与感应起电机的两个放电叉相连,两个放电叉的端点相距大于 15 cm。然后,在两板之间安放金属球。

3. 转动起电机的手轮,使起电机起电,同时观察金属球顶部与上导体板之间的火花放电现象。此时,除了可看到有火花跳过之外,还可听到"啪啪"的声响。

4. 将起电机的两个放电叉互相接触,使之充分放电。再在两板之间装上金属球与金属针尖,使两者的顶部等高,两个放电叉连接装置的上下两个金属板。

5. 再次转动起电机的手轮,使起电机起电,并观察现象。此时,在金属球与上极板之间不再有剧烈的火花放电现象,但可听到"丝丝"的电晕放电声,这是金属针尖上尖端放电的现象。

6. 观察完毕后,将起电机上两个放电叉相互接触,使之完全放电,并整理仪器。

[思考题]

1. 为什么建筑物上的避雷针一定要用导线与大地相连,并把导线深埋地下? 可否把避雷针接在金属水管上? 为什么?

2. 在黑夜,高压输电线附近往往隐隐地笼罩着一层光晕(叫作电晕),它是如何产生的?

3. 高压输电线的表面是光滑的,高压设备的电极也常常是光滑的球面,这是为什么?

[注意事项]

感应起电机起电后,两个放电叉上的静电电压可达几万伏,所以在接线前一定要先让两个放电叉互相接触,使之充分放电,以免被电击。

实验 2 - 11　滴水自激感应起电机

[实验目的]

演示滴水自激感应起电机起电现象,了解其产生电荷的原理及其应用。

[实验装置]

实验装置示意图如图 2 - 15 所示,装置由贮水池、三通管、水阀门(2 个)、金属筒 1、金属筒 2、水杯 1、水杯 2 组合而成。其中金属筒 1 和水杯 2 用导线相连,其中金属筒 2 和水杯 1 用导线相连,水杯放在绝缘的底板上。

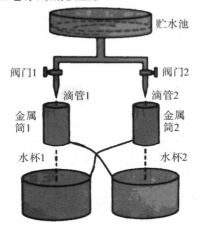

图 2 - 15　滴水自激感应起电机示意图

[物理原理]

　　滴水自激感应起电机是通过静电感应,借助带电水滴转移和积累电荷产生高电压的静电起电装置。滴水自激感应起电机起电可用静电感应原理说明。

　　由于空气中总是存在带电粒子,某时刻离子运动的涨落的缘故,可能附着在金属筒 1 或金属筒 2 上,并且电荷量不平衡。例如,金属筒 1 带的正电荷多些、电位高些,那么金属筒 1 将对上面滴管 1 中的水产生静电感应,使得水池的电荷分布发生变化。根据同种电荷相互排斥、异种电荷相互吸引规律,可知从滴管 1 中滴下的水滴带上负电,从滴管 2 中滴下的水滴带上正电。聚集到水杯 2 中的正电荷又可通过导线运动到金属筒 1 上,使其电位升高,金属筒 1 的静电感应得到加强,使得水池中更多电荷重新发生分布,滴下的水所带电荷更多。这样经过许多带电水滴的运动,使两个绝缘的水杯中积累异种电荷越来越多,导致两杯之间出现高达几千伏至上万伏的电压差。静电的电势差高低可以用验电器测量验证。

[演示方法与现象]

　　1. 按示意图连好水杯与金属筒,调节阀门使滴管水能够成适当的滴水流,将验电器两极和两水杯相连。

　　2. 为了加快静电感应过程,先用绸布摩擦胶棒,再用胶棒接触一个水杯,注意观察验电器金属箔片是否张开。

　　3. 等一段时间,再观察验电器情况。当电压较高时,用试电笔接触任一金属杯,可以发现氖管发光,由闪光发生在氖管的哪一极上可判断金属杯带何种电荷。若闪光出现在与手接触的一端,则被测的带电体带正电。

[思考题]

　　实验是否成功,关键是各导体之间应保持良好的绝缘,怎么才能做到绝缘性良好和检验绝缘性良好?

[注意事项]

金属筒和水杯连线不能接反,否则不会起电。

实验 2 – 12　范德格拉夫静电起电机

[实验目的]

演示范德格拉夫静电起电机(简称范氏起电机)产生高压,了解其原理及其应用。

[实验装置]

实验装置外形及结构如图 2 – 16 所示。

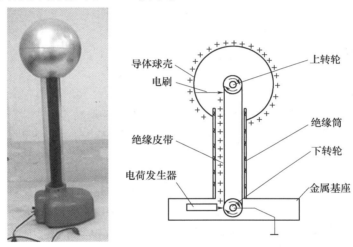

图 2 – 16　范德格拉夫静电起电机外形及结构

[物理原理]

若空腔导体的腔内无电荷时,则自由电荷都分布在空腔的外表面,范德格拉夫起电机就是利用这种原理制成的。

如图 2 – 16 所示,范氏起电机的主要部件是一个近乎封闭的导体球形壳,作为一个高压电极,它被支在绝缘筒上。筒内上下设置两个滚轮,带动一个绝缘皮带。在下滚轮带动带附近装有针尖状电刷,针尖指向皮带,针尖与电荷发生器相连。电荷发生器可以是高压电源的一个电极,也可以用摩擦起电提供。在针尖状电刷处产生尖端放电,使电荷附着在皮带上,由马达驱动或手摇使滚轮转动,带动皮带把电荷向上输送。上转轮带动的皮带,其附近装有另一个针尖状电刷与导体球壳的内表面连接,皮带上的电荷运动到电刷附近,由于静电感应作用使导体外壳出现与皮带上的同种符号的电荷,而电刷针尖则出现异号电荷,且产生很高的电压,可以击穿空气产生尖端放电。针尖上异号电荷飞到皮带上中和皮带上的电荷,使得导电球壳内无电荷。

随着转轮转动,电荷不断地从下边的电荷发生器传向皮带向上输送,最后分布于球壳的外表面上,这就是范氏起电机的工作原理。球壳带电产生的静电电压的极限值受球壳部分对地的绝缘程度的影响,也与空气的潮湿与否有关。直径 1 m 的球壳可得到 60 万 V 的静电高压。

近代范德格拉夫静电起电机可将氮和氧的离子加速到具有 100 MeV 的动能。目前,近代范德格拉夫静电起电机除用于核物理的研究外,在医学、化学、生物学和材料的辐射处理等方面都有广泛的应用。

[演示方法与现象]

1. 把范氏起电机放在木制的实验桌上,用接地线使其接触地面。

2. 由马达驱动或手拨使转轮转动,随转轮的转动,电荷不断从下边的电荷发生器传向皮带向上输送,最后分布于球壳外表面。由粘附在起电机球壳上的红色丝线张开的状态来判断带电情况。

3. 验电可使用试电氖管或日光灯管。

4. 实验完毕后,用仪器接地线接触电极球壳,使它完全放电。

[思考题]

1. 范氏起电机的电极球壳越大,产生的静电高压是否越高?

2. 范氏起电机中的电荷可以由高压电源提供,是否也能由干电池提供?

[注意事项]

1. 范氏起电机能产生几百千伏的静电高压,但是在湿度高、尘埃多的环境中,由于绝缘材料做的圆筒表面电阻急剧下降和电极球壳向空间的大量放电,所以很难在电极球上保持高的静电电压。因此本实验必须在相对湿度不大于 60% 的环境中进行,才可达到较好的实验效果。

2. 胶带若长期保持拉伸状态,会使其疲劳老化,产生永久性变形而伸长,从而使起电机工作不正常。因此,实验完毕后,应降低上转轮的高度使胶带放松。

3. 在用摩擦自激方式起电时,可以事先对仪器进行烘烤,但烘烤时间不宜过长,以免因温度过高而使胶带和塑料转轮等发生老化变质或变形而影响其寿命。即使仪器较潮湿也不宜连续烘烤,应采取间断方式烘烤。

实验 2-13   感应起电机

[实验目的]

了解感应起电机的原理并正确使用。

[实验装置]

1882 年,英国维姆胡斯(Wimshursh)创造了圆盘式静电感应起电机,其中两同轴玻璃圆板可反向高速转动,起电的效率很高,并能产生高电压。实验装置如图 2 – 17 所示。

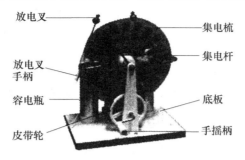

图 2 – 17　手摇感应起电机

感应起电机的结构及性能如下:

(1) 火花放电距离。当摇柄转速为 120 r/min 时,在温度 5 ~ 30 ℃,相对湿度不大于 80% 的条件下,通过放电叉的火花放电距离应不小于 30 mm。

(2) 形状相同的 A、B 起电盘采用 3 mm 厚的有机玻璃板制成,直径为 235 mm。每个起电盘上各贴 26 片铝箔导电膜(铝片以圆心为中心对称分布),转动手柄可使 A、B 盘转向相反(设 A 盘顺时针转,B 盘逆时针转)。前后集电杆呈 90° 夹角与铝片密切接触。集电梳不接触铝片,与集电杆绝缘呈 90° 夹角,相连容电瓶(莱顿瓶)。

(3) 作为电容的莱顿瓶的内外极板采用银粉喷涂。

[物理原理]

在通常情况下,由于大气中带电粒子的碰撞,或者以前实验残留下来的电荷,使某片铝箔可能带电荷。带电的铝箔随起电盘转动,通过电荷的静电感应及金属的集电杆导电作用,使得铝箔上电荷分布转移,前盘的上方和后盘的下方铝箔的电荷极性相同(排斥结果);前盘的下方和后盘的上方导电膜的电荷极性相同(排斥结果)。当顺时针方向转动摇柄时,后面的起电盘顺时针方向旋转,前面的起电盘逆时针方向旋转。随着前后起电盘相向旋转,静电感应过程不断交替进行,感应起电的作用越来越强,两个导电系统积聚的不同符号的电荷越来越多,它们之间的电势差也越来越大。当两个放电球间的电压达到空气的击穿强度时,空气被电离,产生火花放电。在通常的情况下,气体是良好的绝缘体,但在一些特定的条件下,气体也能够导电,如空气在强电场的作用下,就可以变成导体。火花放电就是空气受电场的激发,由被激导电过渡为自激导电的结果。

[演示方法与现象]

1. 电刷用铜丝制成,调整电刷成束状,并使其沿起电盘旋转的方向保持良好接触。

2. 顺时针方向摇动起电机手柄,注意用力不要过猛,正常摇动速度不超过 2 r/s。停转时,也不要突然停止,可松开手柄让起电盘自行停止。起电机的高压外接使用时,一定要将两个放电球的间距移到比正常放电距离要大,以避免放电球之间产生火花放电。

3. 观察火花放电。两个放电球相距 1 cm 左右,慢速摇动起电机,使其发生火花放电。电压较高时放出火花的球为正电,另一球为负电。电压较低时,放出分叉火花束的球带正电,负电球上出现一个亮光点。

4. 起电机每次用完后或要调整带电系统时,都要将放电球多次短路,使其充分放电,以防发生触电。

[思考题]

要使起电机产生电荷,手柄的摇动方向为顺时针而不可反转,为什么?

[注意事项]

1. 起电机手柄的摇动方向为顺时针,不可反转。

2. 起电机的转动速度应由慢到快。转速过快会影响电刷与箔片的接触,而不能起电。

实验 2 – 14   静电感应盘

[实验目的]

演示起电盘被带电体感应而起电的现象。

[实验装置]

起电盘是带有绝缘柄的铝质空心圆盘,实验装置还包括塑料板、绸子、氖泡,如图2 – 18所示。

图 2 – 18   静电起电盘

[物理原理]

起电盘的静电分布如图 2 – 19 所示。起电盘由绝缘底板和金属板组合(有绝缘柄),实验时先用绸布摩擦绝缘板,使其带上正电。当金属板放在上面,虽然看上去是接触了绝缘板,但接触点非常有限,因为金属板表面实际是粗糙的,不可能紧密接触。由此可知绝缘板上的正电荷只有少量的移到金属板上,但绝缘板上大量的正电荷会产生静电感应,使得金属板中的负电荷被吸到下面,正电荷被排斥到上面。用手或氖泡接触金属板上面,可以使正电荷通过人体流到地面,使金属板整体带上负电荷。手拿起电盘绝缘柄,用莱顿瓶收集负电荷(金属筒),可以得到较多负的静电荷。

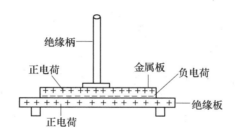

图 2 - 19　起电盘的静电分布示意图

[演示方法与现象]

1. 用绸子摩擦塑料板的上表面,塑料板便带上正电,然后将起电盘放在塑料板上,如图 2 - 18 所示。虽然起电盘与塑料板相接触,但两个面不会是完全密合的,仅有少数点相接触,因此电荷的转移不是主要的,主要的仍是感应起电。由于起电盘与塑料板靠得很近,因此感应现象显著。

2. 手持氖泡接触起电盘,氖泡的一端产生一次闪光。这是由于起电盘上感应的正电荷所产生的电位较高,足以使着火电压 70 V 左右的氖泡点燃放电。放电后,起电盘上正电荷消失。

3. 移去氖泡,将起电盘提起,再用氖泡接触起电盘,则在氖泡的另一端产生一次闪光。这是由于提起起电盘,盘上的负电荷所产生的负电位使氖泡点燃放电。放电后,负电荷消失。

4. 由于实验过程中塑料板上电荷的转移是极有限的,因此塑料板只需摩擦一次,不断地放下和提起起电盘,并不停地用氖泡接触起电盘,可以观察到氖泡两头交替地闪光。

5. 利用莱顿瓶收集负电荷。十几次积累后,用氖泡接触莱顿瓶,可以看到明亮的闪光。

[思考题]

莱顿瓶收集的负静电荷的电势能是怎么得到的?

[注意事项]

实验是否成功,关键取决于天气干燥、绝缘底板和绝缘柄的干净和绝缘性。

实验 2 - 15　日光灯的工作原理演示

[实验目的]

演示日光灯的静电启辉,以加深对静电场性质的了解。

[实验装置]

日光灯示教板如图 2 - 20 所示,将常规的日光灯电路的灯管、启辉器、镇流器和开关固定在平板上,便于观察和教学。

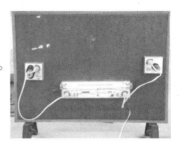

图 2 - 20　日光灯示教板

[物理原理]

日光灯的电路接线如图 2-21 所示。其中 CD 为日光灯管,它是两端接有灯丝、内壁涂有荧光粉的汞蒸气管,在 CD 之间辉光放电时会产生很强的紫外线,紫外线射到荧光粉上再转化为可见光才能为人们所利用。为了使 CD 之间的放电稳定,特设置一镇流器 L 与其相串联。镇流器实际上是一个大电感,有了电感后就会使电路的电压超前于电流,换言之,就会使功率因数减小,电功率会因功率因数低而消耗在导线上,使电力效率降低。为解决此问题,特设补偿电容 C_0,完全补偿时,从 AB 端看工作中的日光灯,日光灯等效为一个线性电阻。图中 PQ 为启辉器,它是内部设有双金属片的氖管,如图 2-22 所示。

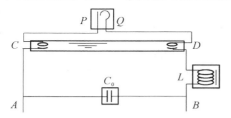

图 2-21　日光灯的电路接线

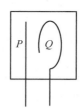

图 2-22　启辉器

当日光灯接上电源后,CD 内气体并不能被击穿,因为要击穿 CD 而使它们之间放电需要较高的电压,然而启辉器内氖气的触发电压低,便首先开始放电,放电产生的热量使双金属片 Q 向 P 靠拢,当二者接触后 PQ 呈短路状态,虽有电流,但因电阻为零而无功率,它将变冷又恢复到原来断开状态。断开的瞬间,流过和灯丝串联的镇流器里电流的突然变化致使镇流器 L 产生很高的自感电压,加到 CD 端,使 CD 之间的汞蒸气瞬间击穿导通,从而使日光灯导电点燃。

除了启辉器,是否还可以用别的方法点燃日光灯？本实验采用两种方法,实验方法之一是用塑料带摩擦,用摩擦起电产生的高压使日光灯点燃;实验方法之二是用一个导体棒沿日光灯管的方向靠拢灯管,CD 之间的场强因导体的靠拢而使管中在导体棒两端附近的场强大到可使管内汞气击穿,因此使日光灯点燃。

[演示方法与现象]

1. 日光灯示教板连接市电,打开电源开关,使日光灯点亮。再移去启辉器,观察日光灯是否仍然发光。理解启辉器作用。

2. 切断日光灯电源开关,取下启辉器,再接通日光灯电源开关。

3. 用手摩擦几下塑料丝,然后在灯管前晃动几下,会看到什么现象？

4. 用一个导体棒沿日光灯管的方向靠拢灯管,会看到什么现象？

[思考题]

日光灯的发光原理与白炽灯有何不同？为什么现在要淘汰白炽灯？

[注意事项]

由于日光灯元件是利用永磁体吸附在示教板上,通电实验时不要再移动元件。

实验 2 – 16　高压带电作业演示

[实验目的]

演示高压带电作业原理,加深对电势及电势差概念的理解。

[实验装置]

高压带电模型如图 2 – 23 所示,由高压电源、绝缘平台、高压铁塔模型或绝缘金属球组成。

图 2 – 23　高压带电模型

[物理原理]

电学中的电势定义为单位正电荷由电场中某点 A 移到参考点 O(即零势能点,一般取无限远处或者大地为零势能点)时电场力做的功与其所带电量的比值。电势是表示电场的能的性质的物理量,电场中某点处电势的大小是由电场本身的因素决定的,与在该处是否放置电荷、电荷的性质、电荷量的多少均无关,它只是用比值 Ep/q 下的定义,与 Ep 和 q 均无关。

电势差是指电场中两点之间电势的差值(电压)。如果两点之间电势差不等于零,则电荷沿两点移动电场做功,使得电荷的电势发生变化;若电势差等于零,则电荷移动电场不做功。导体中电荷总是由高电势流向低电势,即形成电流。因此电流的产生的条件是必须有电势差或电压。对电势相等的导体(等势体),电荷不会流动形成电流。

人站在绝缘平台上相当于一个孤立的导体,如果人只与高压电源的一个电极接触,人体充电后形成一个等势体,无论电源电压多高,均不会产生电流,因此人是安全的。

[演示方法与现象]

1. 将高压铁塔模型上的输电线与静电高压电源的一个电极相连。

2. 表演者站在绝缘凳的铝板上,用导线将铝板与高压铁塔模型高压线相连,同时手握住高压线。

3. 另一人打开高压电源,观察电源输出电压大小。表演者带上高压电后,可以看到其头发向空间散开,并且还可以接触高压线。这就是高压带电操作的原理。

4. 在绝缘凳上的表演者若用验电棒接触输电线,氖管不会被点亮,若接触地或接地导体,氖管就会点亮,说明表演者与地之间有很大的电位差,此时表演者不可接触与地相连的导体。

5. 另一人关闭电源,并且将电源正、负电极短接放电。表演完毕后,表演者切不可以从椅子上直接下来,必须先将铝板上的导线挂钩从高压线上拿下,然后才能从凳上走下来。

[思考题]

本实验操作者穿高压绝缘鞋还是赤脚好,为什么?

[注意事项]

1. 演示高压带电作业,必须由一人开关电源,由另一人表演高压带电作业,并且实验指导教师在场。如发生不正常现象,应立即切断电源,表演者应冷静沉着,切忌粗心大意。

2. 演示过程中,他人不得触及表演者。演示完毕,放电后,表演者才能离开绝缘台。

实验 2 – 17　雅格布天梯演示

[实验目的]

通过雅格布天梯演示实验,了解气体弧光放电的原理。

[实验装置]

实验装置如图 2 – 24 所示,由放电电极、高压电源组成。

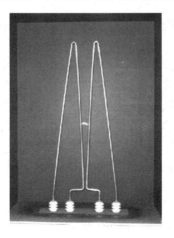

图 2 – 24　雅格布天梯演示仪

[物理原理]

无论是在稀薄气体、金属蒸汽或大气中,当电源功率较大时,能够提供足够大的电流(几安或几十安)使气体击穿,将伴随有强烈的光辉,这时所形成的自持放电的形式是弧光放电。通常是将电极短路接触,在接触点产生大电流和高温,当电极分开时,接触点产生大量热电子。热电子在电场作用下与气体分子碰撞发生电离,接触点附近迅速出现的大量正负离子形成气体导电,并产生光和热,气体迅速膨胀产生放电响声。

雅格布天梯是演示气体高压放电现象的一种装置,其两电极是下面距离近,上面隔得较宽。雅格布天梯的两电极加上高压时,下端间距小。因此电场强些,下端的空气最先被击穿,这一过程产生大量的正、负离子及光和热,形成电弧放电。由于电弧加热作用,空气的温度升高,一方面使空气击穿场强下降,空气更易被电离,另一方面加热的空气上升,带着离子也上升,使其上部的空气被击穿而不断放电,结果放电弧光区逐渐上移,犹如爬梯子一样。当放电弧光区升至一定的高度时,由于两电极间距过大,使极间场强变小,不足以击穿空气,电源提供的能量不足以补充声、光、热等能量损耗时,弧光因而熄灭。加有高压的电极只得再次重新从底部将空气击穿,发生第二轮电弧放电,如此周而复始,便形成"雅格布天梯"现象。

[演示方法与现象]

1. 打开电源开关,缓慢调高电源电压,使得电极发生放电。

2. 当电压调节适当时,可看到高压弧光放电沿着"天梯"向上"爬",同时听到放电声,直到上移的弧光消失,天梯底部将再次产生弧光放电。

[思考题]

1. 实验装置的电极夹角和距离与弧光的产生及爬升很有关系,是否电极距离越近、角度越小,弧光就越容易产生和爬得越高? 如果电极距离是上小、下大,能否出现弧光由上往下移动?

2. 弧光放电有些什么应用? 什么时候我们要避免电弧光的产生?

[注意事项]

1. 千万要做好安全防护,将仪器封闭,不能让人触及仪器,尤其是在工作时。

2. 由于电源工作时功率较大,因此工作时间不能过长,一般不超过 1 min,以保护高压电源。

实验 2 – 18　电介质的极化演示

[实验目的]

通过有极分子的电介质模型,演示电介质的极化过程。

[实验装置]

实验装置如图 2 - 25 所示,由起电机和有极分子的电介质模型组成。

图 2 - 25　电介质极化模拟实验装置

[物理原理]

理想的电介质,其内部是没有自由电荷的,所有的电子都被紧紧地束缚在原子核的周围而绕核运动。所以电介质不具备导电能力,在电工学中常被称为绝缘体。

在电介质中,根据组成电介质的分子的内部结构不同,将电介质分成无极分子电介质和有极分子电介质。在没有外电场时,无极分子电介质中的每一个分子的正负电荷中心重合,对外不显电性;而有极分子电介质的正负电荷中心不重合,对外等效于一个电偶极子,排列无序,也对外不显电性。

在电介质模型中,我们以绑在绝缘丝线上的火柴棍来模拟电介质中的有极分子,火柴棍的两端裹上红色、白色石蜡表示有极分子中的正负电荷中心。在没有外电场时,火柴棍的空间取向是杂乱无章的,相当于有极分子在没有外电场时,由于热运动使其空间取向杂乱无章。有外电场存在时,火柴棍重新排列,两端分别出现等量异号的感应电荷,形成电偶极子,于是在电场中受到力矩的作用而发生转向,从而使所有火柴棍的空间取向趋于一致,相当于有极分子电介质在电场中发生了转向极化。外电场越强,火柴棍空间取向的一致性越好,相当于电介质的极化程度越高,极化的结果是沿电场方向,电介质表面出现等量的异种电荷。

[演示方法与现象]

1. 检查手摇感应起电机能否正常起电。

2. 用导线将感应起电机的两个放电叉分别与电介质模型上的两个导体板相连,并使两放电叉的端点相距 15 cm 以上。

3. 转动起电机,观察模型中火柴棍的偏转情况。

4. 观察完毕,将两个放电叉相互接触,使之完全放电,并整理仪器。

[思考题]

我们经常认为,两块相距很近的导体平板,带等量异号电荷后,场强只存在于两导体板之间,而在本实验中,两导体平板的外侧显然也有电场,为什么?

[注意事项]

感应起电机起电后,两个放电叉上的静电电压可达几万伏,所以在接线前一定要先将两个放电叉互相接触,使之充分放电,以免被电击。

实验 2 – 19　绝缘体转换为导体演示

[实验目的]

演示绝缘体在高温下转换为导体的现象。

[实验装置]

实验装置示教板与示意图如图 2 – 26 所示,由玻璃棒、玻璃管、不同规格的漆包线、酒精灯、废旧白炽灯泡等组成。

图 2 – 26　实验装置示教板与示意图

[物理原理]

不容易传导电流的物质称为绝缘体,绝缘体又称为电介质,它的电阻率极高。导体无论是固体还是液体,其导电的原因是内部都有能够自由移动的电子或者离子。绝缘体内部可以自由移动的电荷极少,但绝缘体在某些外界条件(如加热、加高电压等)影响下,会被"击穿",也就是原子或分子里被束缚的电子大量成为自由电子,绝缘体转化为导体。在未被击穿之前,绝缘体也不是绝对不导电的物体。如果在绝缘材料两端施加电压,材料中将会出现微弱电流(图2 – 27)。绝缘体的电学性质反映在电导、极化、损耗和击穿等过程中。

图 2 – 27　绝缘体转换为导体实验装置示意图

本实验演示常温下绝缘体玻璃在加热的条件下可以成为导体。表明导体和绝缘体没有绝对的界限,在一定条件下绝缘体可以转化为导体。

[演示方法与现象]

1. 待烧玻璃电极的制作。

方法一:选取一小段玻璃棒,用直径为 0.2 mm 左右、长约 50 cm 的漆包线两根,分别在两端刮去约 5 cm 长的绝缘层,绕在玻璃棒上并扎紧,所扎导线在玻璃棒上相距约为 2 mm。未刮去绝缘层部分作为导线,与电路连接。

方法二:选取一小段内径为 0.5 mm 的玻璃管,直径为 0.5 mm 的漆包线两截,从玻璃棒两端分别插入,使两段相距 1 mm 左右,然后用酒精灯给玻璃棒加热,使之融化,把两导线埋于管内,露在管外的铜线两端分别引出两根导线。

方法三:用废旧白炽灯泡,敲去玻璃泡,利用灯泡固定两个电极的玻璃灯芯作为待烧玻璃,配上一个灯头,从灯头两个接线柱上引出导线。

2. 演示时,将电源插头插到电源插座上,把废灯泡灯头架在铁支架上,点燃酒精灯对玻璃灯心加热,约 1 min 后,白炽灯点燃,逐步变亮。当移去酒精灯后,灯泡逐渐变暗最后熄灭,可反复多次演示。

3. 在演示时,边加热边观察回路里的灯泡或发光二极管的亮度变化。

[思考题]

为什么大多数无机材料、气体在常温下都是绝热体? 而金属是导体? 半导体又有何特点?

[注意事项]

1. 本实验电源为 220 V 交流电,注意安全,防止触电。
2. 实验后绝缘体温度很高,不要触摸以免烫伤。
3. 注意温度不宜太高,否则将玻璃体烧化。

实验 2 - 20　手 触 电 池

[实验目的]

通过实验理解化学电池的工作原理。

[实验装置]

实验装置如图 2 - 28 所示,由两个电极(手型铝板、手型铜板),微安表组成。

[物理原理]

手触电池的内部结构极其简单,一块铝板和一块铜版分别作为电池的两个电极,在两个电极之间连接了一个微安表,实验者将两手掌分别压在铝板和铜板上,微安表上就显示

图 2 - 28　手触电池实验装置

有电流通过。

　　手触电池的原理与化学电池的原理实际上是一样的。人类的手心（皮肤）总有一些汗液，由于汗液中有盐分，所以汗液也是一种电解质，有许多正负离子，当双手分别与铜板和铝板接触时，由于铝的化学活动性较强，将与汗液发生化学反应，使铝板上出现大量自由电子。当铜版与铝板中间连接微安表时，电子就会通过微安表流向铜板，形成电流，因此，铜板相当于电源的正极，铝板相当于负极，人体相当于电源内部。当我们把铜片和铝片分别插入一个柠檬的两侧时（水果电池），或者把铝片和锌片插入硫酸溶液中，也会看到类似的现象，所以手触电池从本质上来说属于化学电池。

[演示方法与现象]

　　表演者将两手掌分别按在手型铜板和铝板上，即可观察到微安表中有电流通过。这说明电路中有了电流，手上汗液越多，微安表的指针偏转越大，表明电流也越大。

[思考题]

　　如果两个极板的材质相同（如都是铝板或都是铜板），还会有电流吗？为什么？

实验 2 - 21　半导体制冷演示

[实验目的]

　　通过半导体制冷演示，了解半导体制冷的原理和应用。

[实验装置]

　　实验装置如图 2 - 29 所示，由储水容器、半导体制冷片、散热风扇、温控器和稳压电源等组成。储水容器侧面装有两个塑料注水管，半导体制冷片为四方形元件（储水容器外有一样品），上下面贴有散热片，分别与下面容器的水和上面风扇接触。温控器可以通过温度传感器检测温度和控制半导体制冷片的电流开与关。

图 2 - 29　半导体制冷实验装置

[物理原理]

早在 19 世纪,物理学家塞贝克发现,用两种不同金属导线组成闭合回路(热电偶),如果保持两接触点的温度不同,就会在两接触点间产生一定的电势差,这一现象称为塞贝克效应。物理学家珀尔帖发现,两种不同金属组成的闭合电路,若通以直流电,则一个接触点变冷,另一个接触点变热,这一现象称为珀尔帖效应。

物理学理论对珀尔贴效的解释为:电荷载流子在导体中运动形成电流,由于电荷载流子在不同的材料中处于不同的能级,当它从高能级向低能级运动时,就会释放出多余的热量。反之,电荷从低能级向高能级运动时,就需要从外界吸收热量(即表现为制冷)。

珀尔帖效应制冷的效果主要取决于电荷载流子在两种材料中运动时的能级差,即热电势差。不同种类的纯金属做成的热电偶,一般热电势差很小,制冷效率极低(不到1%)。20 世纪科学家经过不断的实验研究,发现半导体材料具有极高的热电势差,并制造出半导体制冷元件。半导体制冷技术是利用珀尔帖效应的一种新型制冷方法,与压缩式制冷和吸收式制冷并称为世界三大制冷方式。

半导体制冷器是由特殊的 N 型(载流子为带负电的自由电子)和 P 型半导体(载流子是带正电的空穴)组成的。在电场作用下,空穴流动方向与电子流动方向相反,并且 P 型中空穴和 N 型的自由电子能级大于金属中的能级。

这里利用图 2-30 说明半导体致冷原理。P 型半导体和 N 型半导体材料夹在金属平板间形成通路。在外电场作用下,P 型半导体在 a 点处的空穴,需从金属片上吸收一定的能量,用以提高自身的势能,才能进入 P 型半导体内,因此该接点处温度会降低,形成冷接点;而在 b 点处的空穴,恰恰相反,需要释放掉多余的能量才能进入金属片中与金属中的电子复合,这时该接点温度上升,形成热接点;而在 N 型半导体内是自由电子的流动,它和空穴流动的方向相反,在 c 点处电子要吸收热量才能进入 N 型半导体内,在 d 点处放出热量才能进入金属片中。因此在 a、c 金属片这边是吸收外界热量制冷,而 b、d 金属片这边是放出热量。显然,改变电流方向就可实现由制冷变为加热。

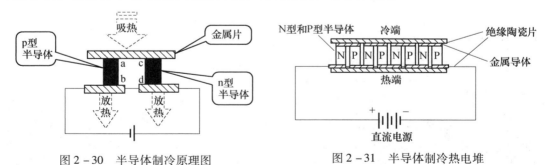

图 2-30　半导体制冷原理图　　　　图 2-31　半导体制冷热电堆

一对半导体热电偶的制冷量很有限(一般约 1 kcal/h),为获得较大的制冷量,可以将很多这样的热电偶串联形成热电堆,甚至可以再通过串、并联的方法组成多级热电堆。半导体温差热堆原理如图 2-31 所示。实际应用的半导体制冷器,通常就是几十、几百甚至更多的热电偶通过串联、并联或者混合组成的。

半导体制冷片作为特种冷源,在技术应用上具有以下特点。

（1）不需要任何制冷剂,对大气无污染,可连续工作,没有旋转部件,无噪声。

（2）只要改变电流方向,半导体制冷片既能制冷,又能加热,因此使用一种半导体制冷片,就可以代替加热系统和制冷系统。

（3）半导体制冷片是电流换能型器件,通过控制输入电流大小,可实现高精度的温度控制,再加上温度检测和控制手段,很容易实现遥控、程控、计算机控制,便于组成自动控制系统。

[演示方法与现象]

1. 上课前检查储水容器是否注满水(要求注满水),然后提前通电制冷。温控器已经设置为比室温低 3 ℃的温度,无需再改动。温控器显示温度为传感器的实时温度,将传感器插入容器水中,测量和记录刚通电时水的温度。

2. 介绍实验装置的构成,介绍半导体制冷原理与特点。

3. 拿出温度传感器,测量室内温度,然后再将温度传感器插入储水容器,等 5 min,读出水的温度。通过温度变化演示半导体制冷效果。

4. 演示实验结束,关闭电源。

[思考题]

半导体制冷技术是利用珀尔帖效应的一种新型制冷方法,与压缩式制冷和吸收式制冷并称为世界三大制冷方式。上网查询压缩式制冷和吸收式制冷工作原理,并了解是否还有别的制冷方式。

实验 2 – 22　半导体温差电堆演示

[实验目的]

通过半导体温差电堆的演示,了解温差发电的常识及应用。

[实验装置]

实验装置由半导体制冷片、冷水盆、小电机、散热块、电吹风、电子温度计等组成,实验装置示意图如图 2 – 32 所示。

[物理原理]

1821 年,塞贝克发现,把两种不同的金属导体接成闭合电路时,如果把它的两个接点分别置于温度不同的两个环境中,则电路中就会有电流产生。这一现象称为塞贝克(Seebeck)效应,这样的电路叫作温差电偶,这种情况下产生电流的电动势叫作温差电动势。例

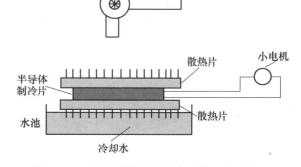

图 2 – 32　半导体温差电堆实验装置示意图

如,铁与铜的冷接头温度为0 ℃,热接头处为100 ℃,则有5.2 mV 的温差电动势产生。在同样的温度差情况下,不同金属构成的温差电偶,其温差电动势也不同。

1834 年,法国实验科学家珀尔帖发现了塞贝克效应的反效应,即珀尔帖效应:两种不同的金属构成闭合回路,当回路中存在直流电流时,两个接头之间将产生温差。1837 年,俄国物理学家楞次又发现,电流的方向决定了吸收还是产生热量,发热(制冷)量的多少与电流的大小成正比。

用半导体制成的温差电偶塞贝克效应较强,热能转化为电温差电池能的效率也较高,因此可将多个这样的温差电偶串联组成半导体温差电堆,输出较高的电压和电流,有时半导体温差电堆又称为半导体温差电池,作为小功率电源。它的工作原理是,将两种不同类型的热电转换材料 N 型和 P 型半导体的一端结合,并将其置于高温状态,另一端开路并给以低温时,由于高温端的热激发作用较强,空穴和电子浓度也比低温端高,在这种载流子浓度梯度的驱动下,空穴和电子向低温端扩散,从而在对低温开路端形成电势差;如果将许多对 P 型和 N 型热电转换材料连接起来组成模块,就可得到足够高的电压,形成一个温差发电机。如果半导体温差电池通入直流电,则会出现珀尔帖效应,半导体温差电池一面发热,而另一面制冷,所以半导体温差电池也称为半导体制冷片。半导体温差热堆原理如图 2-33 所示。

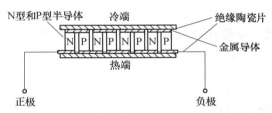

图 2-33 半导体温差热堆原理图

温差发电技术研究始于 20 世纪 40 年代,于 20 世纪 60 年代达到高峰,并成功地在航天器上实现了长时发电。近几年来,温差发电机不仅在军事和高科技方面,而且在民用方面也表现出了良好的应用前景。可以设想一下,在温差电池技术成熟以后,我们可以利用身体与环境的温度差通过温差电池提供手机、笔记本电脑所需电能。

[演示方法与现象]

1. 将实验装置放到水池中,倒入适量水淹没下面的散热片,利用电子温度计和转换开关,分别测量上下散热片的温度。

2. 连接小电机回路,用电吹风对着装置上散热片吹热风,并用电子温度计测量上散热片的温度。

3. 小电机转动后,用数字万用表电压档测量半导体温差电堆的输出电压,用电子温度计分别测量上下散热片的温度。

4. 继续加热 3 min,通过开关转换,分别测量上、下散热片的温度,测量对应输出电压。

5. 停止加热,通过开关转换,分别测量上下散热片的温度,直到小电机停止转动,并测量对应电压。

6. 总结实验数据,得出结论。

[思考题]

通过本次实验,你认为半导体温差发电真正应用到生活实际还需要解决哪些技术问题?

实验 2 – 23　　巴克豪森效应演示

[实验目的]

把铁磁质的磁化过程通过可闻的声音表现出来,验证磁畴理论。

[实验装置]

实验装置如图 2 – 34 所示。

图 2 – 34　巴克豪森效应演示仪

[物理原理]

研究表明,铁磁质(如铁、镍等物质)的磁性主要来源于电子自旋磁矩的自发磁化。在无外磁场时,铁磁质中电子的自旋磁矩会在小范围内自发地定向排列起来,形成一个个小的自发磁化区域——磁畴。铁磁质没有被磁化时,各磁畴的取向是杂乱无章的,因此整个铁磁质对外没有磁性。有外磁场时,随着外磁场的逐渐增加,磁畴经过部分偏转即"壁移"、大部分突然偏转即"跳跃式偏转"和全部偏转即"转向"等几个过程,使铁磁质达到饱和磁化状态,如图 2 – 35 所示。其内部磁感应强度 B 随外磁场强度 H 的变化关系曲线称为铁磁质的磁化曲线,图 2 – 36 是 H 逐步增加 B 变化的情况。在曲线的 OA 段对应壁移,AB 段对应跳跃式偏转,BC 段对应转向,CD 段对应饱和磁化。在磁畴的跳跃式偏转过程中,磁化过程是不连续的,而是以跃变的形式进行,这种现象称为跃变磁化,这是巴克豪森于 1919 年首先发现的,称为巴克豪森效应。实验表明,矩形磁滞回线的铁磁性材料的跃变磁化最为明显。本实验就是用巴克豪森效应来验证磁畴理论,巴克豪森效应演示仪能使无声无息的磁化过程变为有声可闻的有趣现象。

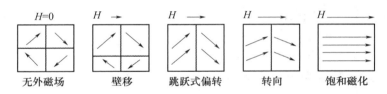

图 2 – 35　铁磁质磁化过程

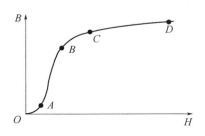

图 2 – 36　铁磁质的磁化曲线

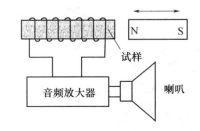

图 2 – 37　巴克豪森效应演示仪结构

　　巴克豪森效应演示仪的基本内部结构,如图 2 – 37 所示。将铁磁性物质放入线圈中,然后缓缓地移动磁铁,使铁磁性物质磁化,当跃变磁化发生时,在线圈中会感应出相应的不连续电流,经过放大,能在喇叭中发出"噗噗"声和"沙沙"声。而对非铁磁性材料(铜、铝等)做同样的操作则没有"噗噗"声和"沙沙"声,通过实验的比较,更能加深对铁磁性本质的认识。

[演示方法与现象]

　　1. 打开电源开关。

　　2. 在线圈中不插入任何试样,将永久磁铁沿着线圈轴线,由远而近缓缓地靠近线圈,此时喇叭无声音。

　　3. 将玻莫合金片(磁滞回线接近矩形的铁磁材料)插入线圈中,再将条形磁铁的 N 极对着线圈,并沿着线圈的轴线,由远而近地移动使玻莫合金片逐渐磁化,此时喇叭发出"沙沙"的响声,如果条形磁铁移动得很慢,喇叭发出"噗噗"的响声。当条形磁铁不动时,响声立刻停止,继续往前移动,喇叭又发出响声,越近声音越大。条形磁铁慢慢离开线圈时,喇叭也发出响声,但是比材料靠近线圈时要小(这是由于在不可逆过程中还存在着可逆过程。如果是良好的矩形磁滞回线材料,则没有这种现象)。永久磁铁离得越远声音越小,直至没有响。

　　4. 磁极方向不变,再将永久磁铁移近线圈,玻莫合金片再次被磁化,不同之处是响声比第一次磁化时小。

　　5. 将条形磁铁转向(即将 S 极对着线圈),沿着轴线由远而近将玻莫合金片磁化,此时磁畴全部倒向,喇叭发出很大的响声。

　　6. 取出玻莫合金片,插入硅钢片,重复上述磁化过程,喇叭响声较小,而且磁化与退磁过程响声差别不大,因为硅钢片是软磁材料,不是矩形磁滞回线的铁磁材料。

　　7. 取出硅钢片,插入铜片或铝片,重复上述磁化过程,喇叭没有响声。这是因为铜和铝是非铁磁性材料,没有磁畴结构。

[思考题]

当线圈中的铁磁质发生跃变磁化时,为什么就会在线圈中出现"沙沙"响声? 非铁磁性材料有没有受到磁场作用? 请用电磁感应理论解释。

[注意事项]

实验时不要让实验样品触及永久磁铁。

实验 2 – 24　热 磁 轮

[实验目的]

通过热磁轮在磁场中的转动,加深对铁磁质存在居里点的认识。

[实验装置]

实验装置如图 2 – 38 所示。

图 2 – 38　热磁轮演示装置

[物理原理]

由铁、钴、镍等金属及其合金制成的金属材料统称为铁磁质。铁磁质的主要特点之一就是能够被永磁体吸引或被磁化,两者距离越近,吸引力越大。但是如果加热铁磁质,随着温度的升高,它与吸铁石之间的吸引力会逐渐变小。当温度上升到一个确定的温度时,铁磁质的铁磁性突然间几乎完全消失,铁磁质转化为顺磁质,与吸铁石之间的吸引力也随之消失,这样的一个温度称为铁磁质的居里点。铁磁质的居里点存在是由于随着温度的升高,金属点阵热运动的加剧会影响磁畴磁矩的有序排列,当温度达到足以破坏磁畴磁矩的整齐排列时,磁畴被瓦解,平均磁矩变为零,铁磁物质的磁性消失变为顺磁物质,与磁畴相联系的一系列铁磁性(如高磁导率、磁滞回线、磁致伸缩等)全部消失,相应的铁磁物质的磁导率转化为顺磁物质的磁导率。与铁磁性消失时所对应的温度即为居里点温度。不同的铁磁质,其居里点也不一样。铁的居里点是 1043 K,镍的居里点是 631 K。

本实验利用居里点较低的铁磁性金属材料(如镍)做成圆环状转轮,该转轮能够绕其竖直中心轴转动。在紧靠转轮的边缘处,放置一个与转轮等高的永磁体。当整个圆环处于同一室温时,永磁体对环的磁吸引力是关于磁场中心和圆环中心的连线对称的,从而使圆环静止不动。在永磁体旁边放一酒精灯,灼烧圆环某处,酒精灯火焰灼烧处的温度若高于该铁磁材料的居里点,则该处铁磁质将发生相变而转变为一般的顺磁质,永磁体对该处的吸引力将大大减弱,此时,由于永磁体对两侧圆环的吸引力不再对称,使圆环受到一个不为零的力矩的作用而转动起来。

[演示方法与现象]

1. 将居里点较低的镍丝制成的圆环形转轮安放于竖直轴尖上,使圆环平面保持水平,且与永磁体中心保持同样的高度。

2. 点燃酒精灯,调节酒精灯的位置,使火焰灼烧靠近永磁体一侧圆环上的某一点,观察转轮的运动情况。

3. 将酒精灯移去,转轮将慢慢停止转动,待它完全停止转动后,将酒精灯放到永磁体的另一侧,灼烧与第一次灼烧点相对称的圆环上的另一点,观察转轮的运动情况。

4. 改变灼烧点,观察转轮的转动速度随灼烧点的变化。

5. 换用居里点较高的铁丝制成的圆环形转轮重复以上操作。实验发现由于铁丝的居里点温度较高,加热部位需更靠近磁铁,才能使轮转动,且转动速度很慢。通过比较,加深对居里点的认识。

[思考题]

1. 热磁轮是不是一个由单一热源驱动的热机?是否符合热力学第二定律?

2. 酒精灯火焰的灼烧点选在何处效率最高?为什么?

3. 利用不同的铁磁材料有不同的居里点,人们开发出了很多控制元件。例如,我们使用的电饭锅就利用了磁性材料的居里点的特性。在电饭锅的底部中央装了一块磁铁和一块居里点为 105 ℃的磁性材料。当锅里的水分干了以后,食品的温度将从 100 ℃上升。当温度到达大约 105 ℃时,由于被磁铁吸住的磁性材料的磁性消失,磁铁就对它失去了吸力,这时磁铁和磁性材料之间的弹簧就会把它们分开,同时带动电源开关断开,停止加热。你还能设想到其他方面应用吗?

[注意事项]

1. 演示时应尽量避免风吹酒精灯火焰。

2. 小心被灼烧后的金属环烫伤。

实验 2 - 25　光点反射法演示磁致伸缩

[实验目的]

利用光杠杆法演示磁致伸缩现象。

[实验装置]

实验装置示意图如图 2 - 39 所示,装置由磁化线圈、镍丝(下端通过一个铁质压板被弹簧拉直)、可转动的小镜片(转轴被夹在压板与磁铁之间)、半导体激光器等组成。

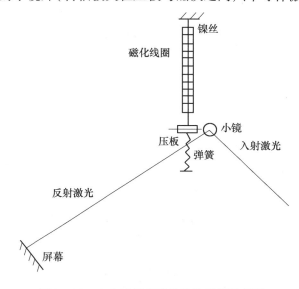

图 2 - 39　光点反射磁致伸缩演示仪示意图

[物理原理]

铁磁性物质在磁场中被磁化时,由于磁畴的排列取向变化,将引起铁磁性中晶格间距的改变,也会发生长度和体积的变化,这个现象称为磁致伸缩。

磁致伸缩效应一般很小,如镍丝饱和磁化时,长度的改变量只有其自身长度的百万分之一,很难直接观察。本实验采用光杠杆法,放大镍丝的伸缩,通过反射在屏幕上或墙壁上光斑位置的变化来显示微小的长度变化,从而演示磁致伸缩现象。

[演示方法与现象]

1. 检查镍丝是否竖直,是否处在长螺线管的中心位置,是否被弹簧拉紧,小镜转轴是否能被压板压好。

2. 打开激光器,调节激光光束,使光射到小镜片上,并调节小镜面的角度,使光束投射到 5 m 以外的屏幕上或墙壁上。此时可以在屏幕上或墙壁上看到激光束的光斑,并记下光斑的位置。

3. 将螺线管线圈接到直流电源上,打开直流电源(使输出电流达到 1.5 A 左右)。由于镍丝的伸缩带动小镜片转动,使小镜片上反射光线角度变化,在屏幕上或墙壁上看到光斑位置发生明显地移动。关闭电源,可发现光斑返回原处。这表明,镍丝在线圈产生的磁场中产生了磁致伸缩现象。

4. 根据光斑的移动方向来判断镍丝是伸长了还是缩短了。

[思考题]

如果小镜转轴直径是 r，屏幕的距离是 5 m，垂直照射到屏幕的光斑移动距离为 s，请推导出镍丝伸长或缩短的长度 x 的大小。

实验 2 – 26　电磁感应演示

[实验目的]

通过闭合导线中磁通量变化的演示，验证电磁感应定律。

[实验装置]

实验装置如图 2 – 40 所示，由检流计、大螺线管、条形磁铁、带铁芯的小螺线管等组成。

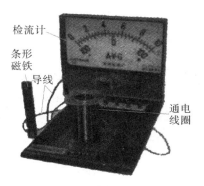

图 2 – 40　电磁感应演示装置

[物理原理]

英国物理学家法拉第经过十余年的不懈努力和实验研究，终于在 1831 年发现：不论是什么原因，只要使闭合回路的磁通量发生变化，回路中就有电流出现。这种现象称为电磁感应现象，这种电流称为感应电流。法拉第还从实验中进一步总结出：回路中感应电动势的大小与通过该回路的磁通量的变化率成正比，其数学表达式为

$$\varepsilon = -\frac{\mathrm{d}\Phi}{\mathrm{d}t}$$

这个规律称为法拉第电磁感应定律，式中的"–"号表示 ε 形成的感应电流的磁场总是阻碍外磁场的变化，并可确定感应电动势的方向。

1833 年，俄国物理学家楞次从大量的实验中总结出了一个直接判断感应电流方向的法则，称为楞次定律，其表述为：闭合回路中感应电流的方向总是使感应电流所激发的磁场阻碍回路中原磁通量的变化。

本实验将螺线管线圈与检流计连接形成闭合回路，利用条形磁铁快速插入或拔出螺

线管线圈,造成螺线管线圈里的带铁芯的小螺线管线圈电流的通断,导致检流计出现电流来演示电磁感应现象,并定性验证法拉第电磁感应定律和楞次定律。

[演示方法与现象]

1. 用导线将大螺线管线圈与检流计连成一个闭合回路。

2. 用条形磁铁的 N 极插入大螺线管线圈内,观察在插入前、插入过程中、插入后不动时、拔出过程中及拔出后检流计上指针的偏转情况。实验将发现,指针只在插入过程中和拔出过程中发生偏转,插入或拔出的速度越快,指针偏转的角度越大;且插入过程和拔出过程中,指针偏转方向相反;在条形磁铁相对静止时,指针均没有偏转。

3. 用 S 极插入线圈内,重新观察在插入和拔出过程中指针的偏转方向及偏转角度的大小,并根据感应电流的方向验证楞次定律。

4. 将带铁芯的小螺线管线圈插入大螺线管线圈内,小螺线管线圈两端接直流电源,打开电源开关,观察检流计的电流方向,改变电源正负极,再次通电,观察检流计的电流方向,验证楞次定律。

[思考题]

1. 如果线圈没有闭合,则线圈内有没有感应电流? 有没有感应电动势?

2. 本实验中产生感应电动势的非静电力是什么? 如何判断该非静电力场的方向? 电源在接通或断开的瞬间,检流计指针是如何偏转的。

[注意事项]

因小螺线管线圈的直流电阻很小,实验时不可长时间通电。

实验 2 - 27　楞次定律的验证

[实验目的]

该实验用来演示楞次定律。

[实验装置]

实验装置如图 2 - 41 所示。

图 2 - 41　楞次定律演示装置

[物理原理]

楞次定律可表述为:"感应电流的效果总是反抗引起它的原因。"如果回路上的感应电流是由穿过该回路的磁通的变化引起的,那么楞次定律可具体表述为:"感应电流在回路中产生的磁通总是反抗(或阻碍)原磁通的变化。"我们称这个表述为"磁通量"表述,这里感应电流的"效果"是在回路中产生了磁通;而产生感应电流的原因则是"原磁通的变化"。如果感应电流是由组成回路的导体作切割磁感线运动而产生的,那么楞次定律可具体表述为:"运动导体上的感应电流受的磁场力(安培力)总是反抗(或阻碍)导体的运动。"楞次定律可以有不同的表述方式,但各种表述的实质相同,楞次定律的实质是:产生感应电流的过程必须遵守能量守恒定律,如果感应电流的方向违背楞次定律规定的原则,那么永动机就是可以制成的。如果感应电流在回路中产生的磁通量加强引起感应电流的原磁通变化,那么,一旦出现感应电流,引起感应电流的磁通变化将得到加强,于是感应电流进一步增加,磁通变化也进一步加强……感应电流在如此循环过程中不断增加,直至无限。这样,便可从最初磁通微小的变化中(并在这种变化停止以后)得到无限大的感应电流。这显然是违反能量守恒定律的。楞次定律指出这是不可能的,感应电流的磁通必须反抗引起它的磁通变化,感应电流具有的及消耗的能量,必须从引起磁通变化的外界获取。要在回路中维持一定的感应电流,外界必须消耗一定的能量。如果磁通的变化是由外磁场的变化引起的,那么,要抵消从无到有地建立感应电流的过程中感应电流在回路中的磁通,以保持回路中有一定的磁通变化率,产生外磁场的励磁电流就必须不断增加与之相应的能量,只能从外界不断地补充。

在本实验中,当条形磁铁插入(或抽出)闭合圆环时,圆环中磁通量发生变化由小变大,于是在闭合圆环中产生感应电流。根据楞次定律,感应电流产生的效果总是反抗引起感应电流的原因。因而使铝环的转动与磁铁的插入方向一致,试图保持相对运动的速度为零,即插入时铝环横梁顺时针转动,抽出时逆时针转动。而缺口圆环中虽然产生感应电动势,但不会产生感应电流,所以圆环横梁始终静止不动。

[演示方法与现象]

1. 将铝环横梁放在支架的尖顶上,并使其水平静止。

2. 将条形磁铁慢慢向闭合圆环插入(注意不要与圆环相碰),可看到圆环向后退,从上方看横梁沿顺时针方向转动。待圆环静止转动后,将条形磁铁自铝环中慢慢地抽出(也不要与圆环相碰),可看到铝环跟随运动,从上方看横梁沿逆时针方向转动。

3. 将条形磁铁插入(或抽出)有缺口的铝环中,圆环与横梁始终静止不动。

[思考题]

如果用一个大容量的电容连接铝环的缺口,实验结果将如何变化?

[注意事项]

把条形磁铁插向铝环或从环中抽出时,注意不要碰到铝环。

实验 2 – 28　自感现象演示

[实验目的]

演示自感现象。

[实验装置]

实验电路如图 2 – 42 所示,实验装置由直流稳压电源、单刀开关、电位器(2 个)、电感器、小灯泡(2 个)等组成。

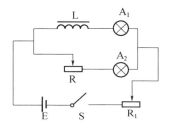

图 2 – 42　自感现象实验电路

[物理原理]

法拉第电磁感应定律给出了通过线圈磁通量的变化与感应电势之间的关系,由于能量守恒定律的要求,感应电动势的方向总是使它所产生的磁场抵消引起感应电势的磁通量的变化。若通电线圈中电流发生变化,由此在它自身磁通量变化时产生感应电动势就是自感应。自感应的效果使它的电流不能突变,即在有电感的支路中的电流不能从零突变到某有限值,反之亦然。当通过线圈自身的电流发生变化时,产生自感电动势,自感电动势的方向总是阻碍原来电流的变化。

自感现象是一种特殊的电磁感应现象。流过线圈的电流发生变化,导致穿过线圈的磁通量发生变化而产生的自感电动势,总是阻碍线圈中原来电流的变化,当原来电流增大时,自感电动势与原来电流方向相反;当原来电流减小时,自感电动势与原来电流方向相同。因此,简单地说,自感是由于导体本身的电流发生变化而产生的电磁感应现象。

自感现象在各种电器设备和无线电技术中有广泛的应用。日光灯的镇流器就是利用线圈的自感现象制成的。自感现象也有不利的一面,在自感系数很大而电流又很强的电路(如大型电动机的定子绕组)中,在切断电路的瞬间,由于电流强度在很短的时间内发生很大的变化,会产生很高的自感电动势,使开关的闸刀和固定夹片之间的空气电离而变成导体,形成电弧,这会烧坏开关,甚至危及人员安全。因此,切断这段电路时必须采用特制的安全开关——灭弧开关。

[演示方法与现象]

1. 按图 2-42 接好电路,电源电压调到 9 V,演示前先打开开关 S,将电位器的电阻值 R 调节到与线圈的直流电阻值相同,然后合上开关 S,此时两灯泡亮度相同。

2. 再打开开关 S,迅速合上开关 S,注意观察灯泡,可看到灯泡 A_2 先亮,灯泡 A_1 后亮,稳定后两者一样亮。

3. 迅速拉开开关 S,注意观察灯泡 A_1,可看到灯泡 A_1 并不立即熄灭,而是突然更亮一下,然后才熄灭。

[思考题]

图 2-43 是日光灯的电路图,请描述镇流器的"自感现象"。

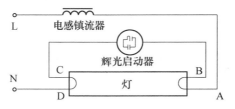

图 2-43　日光灯接线示意图

[注意事项]

1. 要使实验现象明显,开合开关 S 一定要动作迅速。

2. 工作电压不要超过 9 V。

实验 2-29　亥姆霍兹线圈磁场演示

[实验目的]

通过霍耳传感器测量亥姆霍兹线圈中的磁场变化规律,验证磁场叠加原理,了解亥姆霍兹线圈特点。

[实验装置]

实验装置如图 2-44 所示,由亥姆霍兹线圈、显示器、换向开关、磁感应强度探测器、直流电源组成。

图 2-44　亥姆霍兹线圈磁场演示装置

[物理原理]

　　一对相同的圆形共轴线圈,它们彼此平行,间距等于半径,叫作亥姆霍兹线圈。根据毕奥-萨伐尔定律,分别求出两线圈轴线上的磁场,根据磁场叠加原理,可以得到距两线圈中点 O 距离为 x 的轴线磁场强度 B 满足如下关系式

$$B = \frac{\mu_0 N R^2 I}{2} \left\{ \frac{1}{\left[R^2 + \left(\frac{R}{2} + x \right)^2 \right]^{\frac{3}{2}}} + \frac{1}{\left[R^2 + \left(\frac{R}{2} - x \right)^2 \right]^{\frac{3}{2}}} \right\}$$

　　由上面公式可得磁场强度 B 关于 x 的变化曲线,如图 $2-45$ 所示。当两线圈的间距等于它们的半径时,在轴线的中心点附近磁场最均匀。在生产和科研中所需的磁场不太强时,可使用亥姆霍兹线圈得到均匀磁场对样品进行测试。

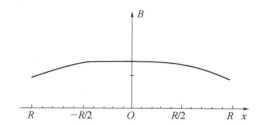

图 $2-45$　亥姆霍兹线圈轴线上磁感强度分布曲线

[演示方法与现象]

　　1. 打开显示器后面的开关,对显示器调零。

　　2. 打开稳压电源,将线圈轴线上的霍耳元件由导轨的一端缓慢移向另一端,观察同向载流圆线圈产生的磁场合成后的分布。

　　3. 改变其中一个线圈的电流方向,重复上一步,观察两圆载流线圈产生的反向磁场合成后的分布。

　　4. 断开一个线圈的电流,重复第二步,观察一圆载流线圈产生的磁场分布。

　　5. 实验结束,断开电键,关闭显示屏和线圈电源。

[思考题]

　　1. 当外加电流为零时,为什么显示器的磁场强度不为零?

　　2. 测量亥姆霍兹线圈中的磁感应强度时,会不会受到地球磁场的影响?

　　3. 比较单个线圈和双线圈轴线上感应强度的区别,双线圈通电时产生的磁场是否等于两个单线圈分别通电后产生的磁场的叠加?

[注意事项]

　　1. 线圈没有接通时,要将显示器调零。

2. 线圈通电电流不能过大,时间不能过长。

实验 2 – 30　趋肤效应演示

[实验目的]

通过本实验了解导体表面比导体内部流过的高频电流密度大的规律。

[实验装置]

实验示意图如图 2 – 46 所示,装置由高频信号发生器、发射天线、接收天线组成。接收天线由两段镀银铜管组成,小灯泡 1 两端与铜管外表相连,小灯泡 2 两端与铜管内表相连。高频信号发生器能够产生直流电压和几十到上百兆以上的高频信号,通过环形天线辐射到空间。

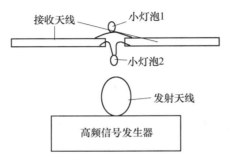

图 2 – 46　趋肤效应实验示意图

[物理原理]

在直流电路中,均匀导体横截面上的电流密度是均匀的。但当交流电流通过导体时,随着频率的增加,在导体横截面上的电流密度分布越来越向导体表面集中,这种现象就叫作趋肤效应。

趋肤效应的原因是什么?电流通过导体时会产生磁场,对于交变电流,磁场也变化,使得导体中会出现自感。根据楞次定律,自感电动势总是抵抗电流的通过。这个电动势的大小正比于导体单位时间所切割的磁通量。以圆形截面的导体为例,愈靠近导体中心处,受到外面磁力线产生的自感电动势愈大;愈靠近表面处,则不受其内部磁力线消长的影响,因而自感电动势较小。这就导致趋近导体表面处电流密度较大。由于自感电动势随着频率的提高而增加,趋肤效应也随着频率提高而更为显著。

趋肤效应使导体中通过电流时的有效截面积减小,趋肤效应使导体的有效电阻增加。频率越高,趋肤效应越显著。当频率很高的电流通过导线时,可以认为电流只在导线表面上很薄的一层中流过,这等效于导线的截面减小,电阻增大。既然导线的中心部分几乎没有电流通过,就可以把这中心部分除去以节约材料。因此,在高频电路中可以采用空心导线代替实心导线。此外,为了削弱趋肤效应,在高频电路中也往往使用多股相互绝缘的细导线编织成束来代替同样截面积的粗导线,这种多股线束称为辫线。

本实验高频信号加载到环形发射天线上,在空间产生高频的电磁波。电磁波作用于谐振的接收天线,使得铜管内自由电子震荡形成高频电流。

分别连接在铜管的外表和内部的两个相同的小灯泡 1、2。当仪器接通直流电源时,可见两灯泡发光程度相同,表明内外电流密度相同,没有趋肤效应。当开启高频信号源,两灯泡也发光,但亮度相差很大,接在外表面的灯泡 1 比接在内表面的灯泡 2 要亮得多,反映了趋肤效应。

[演示方法与现象]

1. 先将高低频率开关打到直流挡。
2. 接通电源,观察支架上的两个小指示灯亮度。
3. 再将高低频率开关打到高频挡,注意观察此时支架上的两个小灯泡亮度明显不同,并注意亮的接在何处。
4. 实验完毕,关闭电源。

[思考题]

为什么高频线圈所用的导线表面需要镀银?

[注意事项]

实验前,检查仪器工作状态是否正常,保证发射功率最大。

实验 2 – 31　涡流阻尼摆

[实验目的]

演示涡电流的机械效应。

[实验装置]

实验装置如图 2 – 47 所示,由电磁铁、磁阻尼摆和直流电源组成,其中电磁铁也可以用永磁铁代替。

图 2 – 47　涡流阻尼摆实验装置

[物理原理]

当闭合导体与磁极发生相对运动时,两者之间会产生电磁阻力,阻碍相对运动。这一现象可以用楞次定律解释:闭合导体与磁极发生切割磁力线的运动时,由于闭合导体所穿透的磁通量发生变化,闭合导体会产生感生电流,这一电流所产生的磁场会阻碍两者的相对运动。其阻力大小正比于磁体的磁感应强度、相对运动速度等物理量。本实验在磁场中运动的导体是铝制金属板(阻尼摆),它可以看成是由无数闭合导体组成的。当金属板在磁场中运动时,切割磁力线产生的感生电流呈现圆状,称为电涡流。根据楞次定律可知,该电涡流的磁场方向总是阻碍金属板运动的,所以把电涡流的阻碍作用称为电磁阻尼,这种摆也称为涡流阻尼摆。如果把金属板分成许多条状,则运动中产生的电涡流也被分成许多小的、互相隔离的电涡流,其电磁阻尼作用明显减少。

电磁阻尼现象广泛应用于需要稳定摩擦力及制动力的场合,例如电度表、电磁制动机械,甚至磁悬浮列车等。

[演示方法与现象]

1. 线圈先不通入励磁电流,使阻尼摆在两极间作自由摆动。阻尼摆在轴尖处的摩擦力和空气阻力作用下,要经过相当长的时间才能停止下来。

2. 接通励磁电源(12 V),则在两磁极间产生很强的磁场。当阻尼摆在两磁极间左右摆动时,使摆动迅速停止。

3. 用非阻尼摆代替阻尼摆做如上实验,可以观察到其摆动需经过较长时间才停止。这是因为非阻尼摆上有许多隔槽,使得涡电流大为减小,从而使阻尼作用不明显。

[思考题]

1. 如果实验中的金属板改为铁板或铜板,电磁阻尼现象是否更明显,为什么?

2. 如果利用电磁阻尼对磁悬浮列车制动,它有何优越性? 能否代替摩擦制动?

[注意事项]

1. 实验前,先调节磁极位置,使铜摆片处在磁极中间离磁极较近,但不接触磁极。

2. 实验完毕,要立即关闭电源,防止电源发热而烧毁。

实验 2-32 磁悬浮列车演示

[实验目的]

利用超导体对永磁体的排斥作用演示磁悬浮现象,了解磁悬浮列车的工作原理。

[实验装置]

实验装置由磁导轨、超导体、液氮及液氮罐组成。

1. 超导磁悬浮列车演示仪,如图 2-48 所示,是用 550 mm × 240 mm × 3 mm 椭圆形低碳钢板作磁轭,铺以 18 mm×10 mm×6 mm 的钕铁硼永磁体,形成磁性导轨,两边轨道仅起保证超导体周期运动的磁约束作用。磁导轨如图 2 – 49 所示。

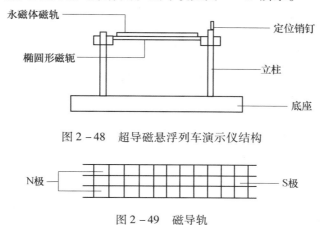

图 2 – 48　超导磁悬浮列车演示仪结构

图 2 – 49　磁导轨

2. 高温超导体,是用熔融结构生长工艺制备的 YBaCuO 系高温超导体。之所以称为高温超导体,是因为它在液氮温度 77 K(– 196 ℃)下呈现出超导性,以区别于以往在液氦温度 42 K(– 269 ℃)以下呈现超导特性的低温材料。样品形状为圆盘状,直径 18 mm左右,厚度为 6 mm,其临界转变温度为 90 K(– 183 ℃)左右。绝对温度 $T(\mathrm{K})$ 与摄氏温度 $t(℃)$ 的关系是: $T(\mathrm{K}) = 273.15 + t(℃)$。

3. 实验时,一般将液氮装在液氮罐里,取液氮需用勺舀起。

[物理原理]

超导是超导电性的简称,是指金属或合金在极低温度下(接近绝对温度零度时)电阻变为零的性质。它是一种宏观量子现象,只有依据量子力学才能给出正确的微观解释,这就是 BCS 理论。

这是一台高临界温度超导磁悬浮的动态演示装置,该装置为一个盛放高临界温度超导体的简易列车模型,在具有磁束缚的封闭磁轨道上方,利用超导体对永磁体的排斥作用,演示磁悬浮;并可在旋转磁场加速装置作用下,沿轨道以悬浮或倒挂悬浮状态无摩擦地连续运转。

当将一个永磁体移近钇钡铜氧(YBaCuO)超导体表面时,磁通线从表面进入超导体内,在超导体内形成很大的磁通密度梯度,感应出高临界电流,从而对永磁体产生排斥,排斥力随相对距离的减小而逐渐增大,它可以克服永磁体的重力使其悬浮在超导体上方一定的高度上;超导体样品放在一铝制的列车模型中,四周包有起热屏蔽作用的铝箔,这样可使超导体在移开液氮后仍能在一段时间内保持自身温度在其临界温度以下,以延长演示时间。

磁性轨道是用钢板加工成椭圆形轨道用作磁轭的,上面铺以钕铁硼(NdFeB)永磁块(表磁为 0.4T)形成磁性导轨,两边轨道起保证超导体周期运动的磁约束作用。

加速装置是通过使永磁体绕水平轴旋转在竖直面内产生旋转磁场的方法来实现的。在扁圆柱形的尼龙轮上,镶有四块钕铁硼(NdFeB)磁块,尼龙轮固定在玩具电机轴上,电机又固定在磁轨道面的正上方。当电机快速转动时,在此导轨面的上方产生一绕水平轴旋转的磁场,若磁场转向与超导体在轨道面上前进的方向同向时,则当超导体通过磁旋转磁场的下方时,便产生一驱动超导块加速前进的磁驱动力,从而起加速作用。

[演示方法与现象]

1. 将超导体样品放入液氮中浸泡约 3 ~ 5 min,然后用竹夹子将其夹出放在磁体的中央,使其悬浮高度为 10 mm,以保持稳定。

2. 再用手沿轨道水平方向轻推样品(导体),则看到样品将沿磁轨道做周期性水平运动,直到温度高于临界温度(大约 90 K),样品落到轨道上。

[思考题]

超导现象除了可能用于制造磁悬浮列车外,你认为还可以应用于哪些方面?

[注意事项]

1. 样品放入液氮中,必须充分冷却,直至液氮中无气泡为止。

2. 演示时,样品一定用竹夹子夹住,千万不要掉在地上,以免样品摔碎。

3. 演示时,沿水平方向轻推样品,速度不能太大,否则样品将沿直线冲出轨道。

4. 演示倒挂时,当样品运动一段时间后,由于温度升高,样品失去超导性而下落,这时应用手接住它;否则,样品将摔坏。

5. 超导块平时最好保存在干燥箱内,防止受潮脱落。

附录

BCS 理论是以近自由电子模型为基础,是在电子–声子作用很弱的前提下建立起来的理论。BCS 理论是解释常规超导体的超导电性的微观理论(也常意译为超导的微观理论)。该理论以其发明者巴丁(J. Bardeen)、库珀(L. V. Cooper)和施里弗(J. R. Schrieffer)的名字首字母命名。某些金属在极低的温度下,其电阻会完全消失,电流可以在其间无损耗地流动,这种现象称为超导。超导现象于 1911 年发现,但直到 1957 年,美国科学家巴丁、库珀和施里弗在《物理学评论》提出 BCS 理论,其微观机理才得到一个令人满意的解释。BCS 理论把超导现象看做一种宏观量子效应,它提出,金属中自旋和动量相反的电子可以配对形成所谓"库珀对",库珀对在晶格当中可以无损耗地运动,形成超导电流。在 BCS 理论提出的同时,博戈留波夫(Bogoliubov)也独立地提出了超导电性的量子力学解释。博戈留波夫变换至今为人常用。

电子间的直接相互作用是相互排斥的库仑力。如果仅仅存在库仑直接作用的话,电子不能形成配对。但电子间还存在以晶格振动(声子)为媒介的间接相互作用。电子间的这种相互作用是相互吸引的,正是这种吸引作用导致了"库珀对"的产生。大致上,其机理如下:电子在晶格中移动时会吸引邻近格点上的正电荷,导致格点的局部畸变,形成一个局域的高正电荷区。这个局域的高正电荷区会吸引自旋相反的电子,和原来的电子以一定的结合能相结合配对。在很低的温度下,这个结合能可能高于晶格原子振动的能量,这样,电子对将不会和晶格发生能量交换,也就没有电阻,形成所谓"超导"。

巴丁、库珀和施里弗因为提出超导电性的 BCS 理论而获得 1972 年的诺贝尔物理学奖。不过,BCS 理论并无法成功地解释所谓第二类超导,或高温超导的现象。

实验 2 - 33　常温磁悬浮地球仪

[实验目的]

了解常温磁悬浮地球仪的原理。了解利用电磁感应反馈信号进行调控的技术。

[实验装置]

实验装置如图 2 - 50 所示。

图 2 - 50　常温磁悬浮地球仪

[物理原理]

磁力是磁场对电流作用的非接触力,永磁体之间的相互作用本质上是磁场对磁化电流的作用。由于它具有非接触性的特点,可以用它来演示许多有趣的物理现象。永磁体异性磁极之间的相互作用力可以很大,就其大小而论,完全可以用它来克服重力而使物体悬浮起来。但由于它随磁极间距变大而迅速减小,因此很难实现常温条件下(非超导)的磁悬浮,即利用磁力使物体在重力场中稳定地悬浮起来。

为了实现常温磁悬浮地球仪的磁悬浮,人们采取两项措施:负反馈调节磁力和用磁力定位。常温磁悬浮地球仪的内部结构如图 2 - 51 所示。整个装置由 A、B、C 3 部分组成,A 为待悬浮体地球仪,B、C 分别为上下固定点。在地球仪 A 的南北两极处各安装一个小的永磁体,外 N 内 S;C 为下固定点,C 处安装一个永磁体,极性为上 S 下 N;B 为上固定点,它由永磁体 E、磁场敏感元件 F 和励磁线圈 D 组成。为了使 A 能稳定地悬浮,特意在上固定点 B 设置 F 和 D,令励磁线圈 D 通以一定强度的电流,电流线圈产生的磁场方向与永磁体 E 的相同,即它们的合磁场对地球仪上的 N 极产生吸引。磁场敏感元件 F 感知地球仪 A 上极地磁极的位置,若地球仪 A 靠近上端 E 的 S 极

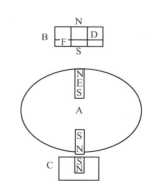

图 2 - 51　常温磁悬浮地球仪的内部结构

时,合磁场将较强,A 有往上的运动趋势,此时 F 调整的控制电路将减弱流过 D 线圈的电流,使合磁场变弱,A 将因吸引力减弱而不向上走;反之,若 A 偏下,F 感知地球仪偏下,F 调整控制电路将增强流过 D 线圈的电流,使合磁场变强,A 将因吸引力增强而不往下走。总之,在控制电路的调节下,地球仪 A 受到的磁力和重力平衡,悬浮在空中。下固定点 C 的作用是防止地球仪 A 摆动,使 A 总是趋于竖直稳定地悬浮在空中。

[演示方法与现象]

1. 接通电源。

2. 双手持地球仪,使北极点自上而下慢慢接近上磁极。在一定高度处突然觉得手持力消失,此时双手松开,放手,即可将地球仪悬浮在空中。在地球仪悬浮于空中后,可缓慢转动地球仪使它转动方向与实际自转方向一致。

3. 演示完毕,先将地球仪取下,再切断电源。

[思考题]

1. 实验装置的线圈工作时是直流电,用交流涡流电能否实现物体的常温磁悬浮?

2. 如果常温磁悬浮地球仪不能磁悬浮,有哪些可能的原因?

[注意事项]

演示时地球仪要平稳,不能有较大的摆动。

实验 2 - 34　霍尔无刷直流电机演示

[实验目的]

演示霍耳无刷直流电机原理。

[实验装置]

实验装置如图 2 - 52 所示,由电源、霍尔无刷直流电机(包括定子、转子)等组成,其中定子上有 8 个等距的线圈和 8 个开关型霍尔器件,转子是由几个等距的永磁铁做成的。

图 2 - 52　霍耳无刷直流电机

[物理原理]

霍耳元件是利用霍耳效应原理构成的半导体器件,有一对电流端和一对电压端。霍耳效应是指给霍耳元件给予工作电流,再加一定方向的磁场,霍耳元件的电压端将出现电压(称为霍耳电压),人们利用这种霍耳效应生产出开关型霍耳器件。开关型霍耳器件的开与关由所处磁场大小和方向决定。由于电流能产生磁场,且磁场大小、方向与电流相关,因此开关型霍耳器件的开与关也可以由附近电流产生的磁场方向决定。霍耳无刷直流电机利用了开关型霍耳器件的开关特性。

霍耳无刷直流电机由转子和定子构成,转子在定子内转动。转子由一定数量的永久磁铁做成,定子上按一定角度均匀安装若干开关型霍耳器件和线圈,线圈与线圈之间装有一个开关型霍耳器件,每个线圈的电流由相邻霍耳元件控制。电机通电时,定子线圈(设为 A 线圈)有电流,并且电流磁场超前于转子的磁场一定角度,极性相反,根据异性磁极相吸引,永久磁铁的转子受通电定子线圈作用,将转动一定角度。转子转动经过一个霍耳元件,在转子磁场的作用(又称触发)下,开关型霍耳器件产生一个开关电压,这个电压将使下一个线圈(设为 B 线圈)中通过电流,电流的磁场与转子极性相反,吸引转子,使得转子又沿同一方向继续转动,同时 A 线圈断电。这样一来,转子转动的磁场又会触发下个开关型霍耳器件开与关,使下一个位置的线圈通电,吸引转子继续转动。转子磁场的作用使开关型霍耳元件依次控制定子的每个线圈电流的通与断,使定子在空间形成旋转磁场,且超前于转子磁场,转子受定子磁场吸引不断转动,从而使电机达到工作状态电机的转速和功率与定子线圈电流大小相关。

霍耳无刷直流电机工作是无需电刷的,不存在电刷磨损的问题,使电机的使用寿命大大增加。现在的电动自行车电机普遍采用的就是霍耳无刷直流电机作为动力。

[演示方法与现象]

1. 将霍耳无刷直流电机装置插入稳压电源顶部的电压输出插孔内(红色插座为正电源,两个黑色插座为负电源),电源顶部的电压输出插孔与稳压电源前面板上的电压输出接线柱在电源内部已经连接。霍耳无刷直流电机装置的工作电压范围为 8 ~ 15 V。

2. 将稳压电源开关打开,调节输出电压为 14.5 V 左右,关掉电源。

3. 将转子装入霍耳无刷直流电机装置中,用手轻轻触碰转子,使其进入自由启动状态。为减少摩擦力,可在固定转子的塑料支柱上放上两片金属垫片(将金属垫片的两个光面对合),以便转子启动时更容易起转。

4. 打开电源开关,转子将慢慢地转动起来。

5. 改变稳压电源电压,增加或减小,观察转子转速变化,工作电压限定在 8 ~ 15 V 范围内。

6. 关掉电源,总结实验现象和解释电机工作原理。

[思考题]

1. 调节输出电压,转子的转速如何变化?

2. 为什么转子启动时的电源电压要高一些?

3. 霍尔无刷直流电机中开关型霍尔元件的主要作用是什么？能否用光电传感器或别的传感器来替代？请说明理由。

[注意事项]

实验操作要遵守操作步骤,电机连线一定要按照说明书要求连接。

实验 2 – 35 人体热释电红外线传感器演示

[实验目的]

通过人体热释电红外线传感器演示实验,了解人体热释电红外线传感器的原理和传感器在现代社会中的广泛应用。

[实验装置]

实验装置如图 2 – 53 所示。

图 2 – 53 人体接近报警器和热释电红外线传感器实物

[物理原理]

电工学中常把绝缘材料称为电介质,有些电介质受热或红外线照射时,在电介质两面将产生数量相等而符号相反的电荷(电极化)。这种由于温度或红外线照射变化而产生的电极化现象称为热释电效应。具有热释电特性的电介质非常多,但广泛应用的不过十几种,如锆钛酸铅系陶瓷、钽酸锂、硫酸三甘钛等。现在有的热释电特性的电介质已经广泛地应用到红外线检测和红外成像领域,热释电红外传感器是检测红外线变化的一种传感器。

热释电红外线传感器由探测元件、滤光窗和场效应管阻抗变换器等三大部分组成,如图 2 – 54 所示。

探测元件构成是将具有热释电特性的电介质做成很薄的薄片,每一片薄片相对的两面各引出一根电极,形成一个等效小电容。在同一硅晶片上做两个探测元件(小电容),且极性相反串联。当探测元件受外界稳定的红外线照射时(相当发热的人静止

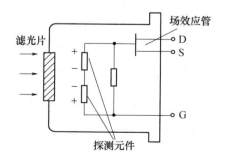

图 2 – 54 热释电红外线传感器结构

或缓慢运动),两个等效的小电容自身极化,产生极性相反、等量的正、负电荷。正负电荷相互抵消,回路中无电流,传感器无输出。

当人体在传感器的检测区域内移动时,照射到两个电容上的红外线能量不相等,光电流在回路中不能相互抵消,使传感器有信号输出。也就是热释电红外线传感器只对移动或运动的人体和近似人体的物体起作用。

滤光窗是由一块薄玻璃片镀上多层滤光层薄膜而成的,其作用是接收人体的正常体温为 36~37.5 ℃时发出的红外线,最大限度过滤、阻止阳光、灯光等可见光中的红外线的通过,以免引起干扰。

热释电红外传感器的场效应管作用是完成阻抗变换,也就是将探测元件的电荷变化转为电压信号,输入后面电路。

图 2-55 为热释电红外传感器构成的防盗防火报警系统。待测目标可以是发出红外光的人体,菲涅耳透镜可将红外光汇聚于热释电红外传感器表面,信号处理电路可以放大前端输入信号和提供后面电路所需电压。本实验防盗防火报警系统的无线探测头具有将检测信号通过无线电波发射到接收主机的功能。

图 2-55　热释电红外传感器防盗防火报警系统

[演示方法与现象]

1. 介绍热释电红外传感器作用。
2. 启动人体接近报警器开关,待报警声停止后,人体横向移动,直至出现报警声。
3. 人体不动时,报警器是否报警;人体移动缓慢,报警器是否报警;由近到远或由远到近垂直于人体方向接近报警器,这样人体移动报警器是否报警。
4. 总结人体接近报警器动作特点,关闭电源。

[思考题]

人体接近报警器可以用于哪些场合? 如果要提高可靠性,应怎么使用或改进?

实验 2-36　可燃气体检测报警器演示

[实验目的]

通过可燃气体检测报警的演示,初步了解可燃气体检测报警传感器的物理原理。

[实验装置]

实验装置如图 2-56 所示,其内部由检测元件、放大电路、报警电路组成。

图 2 – 56　可燃气体检测报警器

[物理原理]

用于可燃气体检测报警器的探测器,主要有催化型可燃气体探测器、半导体可燃气体探测器两种。催化型可燃气体探测器是在金属铂丝线圈外表覆盖一层具有催化剂作用的金属氧化层,当可燃气体进入探测器时,金属氧化层吸附可燃气体,引起铂丝表面出现氧化反应(无焰燃烧),反应产生的热量使铂丝的温度升高,并使铂丝电阻率发生变化,由于电阻率的变化使电子电路产生报警。半导体可燃气体探测器中的半导体是特殊的掺杂材料,半导体吸附可燃气体,电阻率显著变化,从而使电子电路产生报警。半导体可燃气体探测器具有灵敏度高、体积小的特点。

采用催化型可燃气体探测器的可燃气体报警器的输入电路应用了非平衡电桥,在电桥中一个桥臂电阻为铂丝电阻,正常情况的电桥是平衡电桥,无电压输出。当空气中含有易燃易爆气体时,铂丝电阻变化,平衡电桥成为非平衡电桥,有电压信号输出。电压信号的大小与燃气浓度对应,信号经过放大,浓度超出一定值(天然气:0.1% ~ 0.3%,液化石油气:0.1% ~ 0.5%),即触发报警系统和显示系统产生报警声光信号。

[演示方法与现象]

1. 介绍报警器功能。

2. 接通电源,仪器预热几分钟,直至指示灯不闪烁。

3. 打开打火机,并吹灭火焰,产生少量可燃气体,将其置于报警器窗口下方,直至出现报警信号。

4. 关掉打火机,当可燃气体浓度稀释后,报警自动停止。

[思考题]

可燃气体检测报警器中的传感器一般应有什么特性? 如果要测试其特性,应该具备什么实验条件?

[注意事项]

1. 实验所用燃气报警器工作电源为 220 V 市电,实验时须先通电预热,达到稳定时方能进行检测燃气。

2. 打火机内装有可燃气体,实验时不宜长时间放出未燃气体,实验准备和演示只许打火机排气二次,时间要短,避免空气污染。

实验 2 – 37　电子体重计

[实验目的]

通过使用电子体重计,了解现代传感器技术的应用基本知识。

[实验装置]

电子秤又称电子天平,测量人体重的称为电子体重计,电子秤如图 2 – 57 所示,左图为电子体重计,右图为电子天平。

图 2 – 57　电子秤

[物理原理]

电子秤从结构上看,可以由压力传感器、AD 模数转换电路、单片机、显示电路、键盘、通讯接口电路、稳压电源电路等组成。

当物体放置在秤盘上,重力作用于压力传感器,使之发生变形,导致压力传感器的电阻发生变化,电阻的变化与作用力的大小成正比。通过桥式电路可以将电阻变化转换为电压的变化(即模拟信号)。该电压经过放大输入到模数转换电路 AD,产生便于处理的数字信号,并输出到单片机(CPU)。经过 CPU 程序运算输出数字到显示电路,显示重力的大小。电子秤原理框图如图 2 – 58 所示。

图 2 – 58　电子秤原理框图

[演示方法与现象]

1. 介绍电子秤基本构成。
2. 用脚轻轻触及秤盘面,使电子秤出现动态复位检测信号,并出现稳定的 0.0 数字。
3. 测试者站立到秤盘上,数字稳定后即人体体重,重复两次测量并做记录。
4. 测试者测量自身身高,计算本人的体重指数。

附录

体重指数（BMI 指数）

BMI（Body Mass Index），身体质量指数，简称体质指数，又称体重指数，计算方法是：BMI = 体重（kg）/身高平方（m^2），即体重公斤数除以身高米数的平方得出的数字，是目前国际上常用的衡量人体胖瘦程度及是否健康的一个标准。男、女性体重指数参考值如表 2 - 1 所示，专家指出最理想的体重指数是 22。

表 2 - 1　男、女性体重指数参考值

体重指数	男性	女性
过轻	低于 20	低于 19
适中	20 ~ 25	19 ~ 24
过重	25 ~ 30	24 ~ 29
肥胖	30 ~ 35	29 ~ 34
非常肥胖	高于 35	高于 34

中国成年人身体质量指数：
正常范围 18.5 ~ 24，BMI > 25 为肥胖，BMI < 18.5 为消瘦。
学龄前儿童身体质量指数：
正常范围 15 ~ 22，BMI > 22 为肥胖，BMI < 15 为消瘦，BMI < 13 为营养不良。

实验 2 - 38　电子血压计演示

[实验目的]

通过测量血压，了解人体血压概念及电子血压计基本知识。

[实验装置]

实验装置如图 2 - 59 所示，由主机和臂带组成。

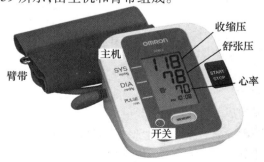

图 2 - 59　电子血压计

[物理原理]

血压是血液在血管内流动时作用于血管壁的压力,它是推动血液在血管内流动的动力。心室收缩,血液从心室流入动脉,此时血液对动脉的压力最高,称为收缩压。心室舒张,动脉血管弹性回缩,血液仍慢慢继续向前流动,但血压下降,此时的压力称为舒张压。

测量人体血压的仪器称为血压计。根据仪器测量原理,可分为电子血压计、水银血压计。水银血压计是依据听诊法或"柯氏音法"测量血压的,必须配合听诊器,由医生或护士判断得出收缩压、舒张压的读数。

电子血压计测量方法采用的是示波法也叫振荡法,是 20 世纪 90 年代发展起来的一种比较先进的电子测量方法。其原理简述如下:

首先把臂带捆在手臂上,对袖带自动充气,到一定压力(一般比收缩压高出 30 ~ 50 mmHg)后停止加压,使得血液流动受到阻碍,停止流动。然后开始放气,当气压到一定程度后,血流就能通过血管,且有一定的振荡波,振荡波通过气管传播到仪器中的压力传感器,压力传感器能实时检测到所测臂带内的压力及波动。逐渐放气,振荡波越来越大。再放气,由于臂带与手臂的接触越松,因此压力传感器所检测的压力及波动越来越小。选择波动最大的时刻为参考点,以这点为基础,对振荡波向前寻找峰值 0.45 的波动点,这一点压力为收缩压,向后寻找峰值 0.75 的波动点,这一点所对应的压力为舒张压,而波动最高的点所对应的压力为平均压。

值得一提的是,0.45 与 0.75 为常数。对于各个生产厂家来说不尽相同,且应该以临床测试的结果为依据。而且,厂家还有可能对不同血压进行分段处理,设定不同的常数。也有利用模糊数学进行计算得到测量血压的(均由专用计算机完成)。

[演示方法与现象]

1. 取出电子血压计配套的臂带,将其出气管插入仪器相应插孔。
2. 把臂带捆在手的上臂,通电对臂带自动充气。
3. 读取仪器显示的收缩压、舒张压和心率。
4. 等待五分钟再测量一次或测量其他人的血压。

[注意事项]

血压计测量血压要求被测者全身放松,坐位姿势,手的前臂能自然平放在桌上。

附录

1. 柯氏音法

1905 年,俄国的尼科罗伊·柯罗托夫发现了血管音,现在成了世界广范使用的听诊法的基础,柯氏音法就是以柯罗托夫的名字命名的。柯氏音法是以听取血液在血管中流动时发出的声音(柯罗托夫音)测量血压的。卷上臂带,送入空气,逐渐加压,截断动脉血液的流通。随着臂带空气的逐渐排出,为排到某个压力时,血流开始恢复流动,就产生了柯罗托夫音,这时的压力称为最高血压。进一步排出臂带中的压力,血管恢复到正常状态时,就听不到柯罗托夫音,这时的压力称为最低血压。这是迄今使用最广范的一种测量方法。

2. 人体血压高低判断

正常血压:收缩压 < 130 mmHg,舒张压 < 85 mmHg(压差一般 40～50 mmHg);

理想血压:收缩压 ≈ 120 mmHg,舒张压 ≈ 80 mmHg;

正常高限:收缩压 130～139 mmHg,舒张压 85～89 mmHg。

高血压分为三种,分别为:

一级高血压。收缩压 140～159 mmHg,舒张压 90～99 mmHg(亚组:临界高血压,收缩压 140～149 mmHg,舒张压 90～94 mmHg)。

二级高血压。收缩压 160～179 mmHg,舒张压 100～109 mmHg。

三级高血压。收缩压大于等于 180 mmHg,舒张压大于等于 110 mmHg。

实验 2 - 39　微波炉工作原理与电磁辐射检测

[实验目的]

了解微波炉的工作原理和电磁辐射的检测方法。

[实验装置]

实验装置由微波炉、电磁辐射检测仪(或收音机)、塑料容器、水等组成,微波炉如图 2 - 60 所示。

图 2 - 60　家用微波炉

[物理原理]

电磁辐射的频率非常宽,其中微波段范围在 300 MHz ～ 300 GHz,波长对应为 1 mm ～ 1 m。雷达、导航、遥感、无线通信和电视等领域的电磁波均在微波段。微波炉是 1945 年问世的,它在干燥、科研、医疗、家庭等方面应用广泛。为了避免对其他领域的干扰和根据水分子的偶极子结构特点,家用微波炉的工作频率是 2450 MHz。

微波炉基本结构如图 2 - 61 所示,由电源、磁控管、控制电路、波导管和微波加热腔(烹调腔)等部分组成。

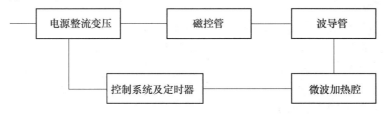

图 2 - 61　微波炉基本结构方框图

微波炉产生微波的过程是:电源部分将 220 V 市电转换为 4000 V 直流高压,加在磁控管阴极和阳极上。磁控管中灯丝发热产生的电子在直流高压和磁场激励下做加速运动,运动过程受到阳极内多个谐振腔作用,形成频率为 2450 MHz 的微波,再经过波导管耦合(传输)到微波加热腔(烹调腔),将直流高压电场能转化为微波能。微波加热的原理是:当微波辐射到食品上时,食品中总是含有一定量的水分、纤维素和脂肪等,这些物质的分子是有极分子(即分子里的正负电荷中心不重合),有极分子的空间取向可随微波电场变化而变动。变动过程中,有极分子对相邻的分子相互碰撞,使得电势能转换为分子作热运动的热能,使食品的温度迅速上升。用微波加热的食品,食品内部、外部同时被加热,整个食品受热均匀,升温速度快,微波能深入食物 5 cm 以下,其热效率高达 80% 以上,比红外线加热效率高得多。微波射向金属表面,可以像光一样被反射。陶瓷、玻璃、塑料等均不吸收微波能。微波炉作为家用炊具,具有高效、节能、清洁等特点,已逐步进入平常人家。

世界卫生组织调查显示,强度大的电磁辐射对人体有多方面的危害。微波炉工作过程产生的电磁辐射功率高达几百瓦至上千瓦,远比其他电器产生的电磁辐射大得多。尽管微波炉的设计与制造都做了防护措施,但是微波炉窗口和某些部位的电磁辐射仍然比常见电器的电磁辐射要强。当微波炉加热时,用电磁辐射检测仪检测微波炉外面,可以发现在几十厘米范围内,均能够检测到电磁辐射,靠近窗口的数值最大,甚至会超出仪器量程。操作者使用微波炉应远离 50 cm 以上,也可利用收音机检测电磁辐射。

［演示方法与现象］

1. 介绍微波炉加热的特点。
2. 熟悉微波炉使用方法、电磁辐射检测仪使用方法。
3. 用塑料容器装一半水,放进微波炉内用中挡功率加热 2 min。
4. 加热过程中,使用电磁辐射检测仪在微波炉外面各个不同位置检测电磁辐射强度(检测高频与低频两种情况)。移动电磁辐射检测仪,观察测量数据的变化,得出使用微波炉的安全距离。
5. 使用电磁辐射检测仪检测手机在刚拨通和接话时的电磁辐射强度。
6. 使用电磁辐射检测仪检测通电塑料导线或开关附近的电磁辐射强度。
7. 实验中可以利用收音机接收电磁波的特点代替电磁辐射检测仪功能检测电磁辐射强度。

［思考题］

为了防止微波炉的电磁辐射,我们在使用时应该注意哪些方面? 可以采取什么措施?

［注意事项］

禁止电磁辐射检测仪放在微波炉中使用。

实验 2 – 40　电磁炉工作原理演示

[实验目的]

通过电磁炉工作的演示,加深对电磁感应的认识。

[实验装置]

实验装置由电磁炉,铁质、塑料、铝质平底容器(各一个),温度计,收音机等组成,电磁炉如图 2 – 62 所示。

图 2 – 62　电磁炉

[物理原理]

电磁炉是完全区别于传统有火或传导加热的炊具,使用过程中没有明火,而是让热直接在锅底产生,热效率高,是一种高效节能、不消耗氧气的安全、卫生、低碳炊具。

电磁炉加热原理示意图如图 2 – 63 所示。炉底部有一个圆盘形线圈,工作时电源将220 V 市电转换为高频的正弦波交流电,再通入线圈。根据电磁感应的原理,变化的电流产生变化的磁场,变化的磁场在导体内产生变化的感应电流。因此,变化的磁力线被上面的铁质平底锅反复切割,使锅底内出现环状电流(即电涡流)。电涡流使锅具中的铁原子、电子做高速无规则运动,原子互相碰撞、摩擦而产生热能。由于电涡流很大,锅底迅速升温。

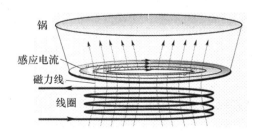

图 2 – 63　电磁炉加热原理示意图

由于铁磁质材料(铁、钴、镍等及合金)的磁导率是一般金属(铜、铝等)的几千到几万倍。因此,在同样的电流的磁场强度作用下,铁磁质材料的磁感应强度和电涡流远大得多,铁磁质材料适合做电磁炉的锅具,其他材料则不适合。

[演示方法与现象]

1. 用铁质容器装适量的水放在电磁炉台面上,用温度计测水温,打开收音机。

2. 收音机放在离电磁炉约 1 m 处。电磁炉通电,调节功率为中挡,5 min 后用温度计测水温。将容器移走,试摸台面边缘,判断是否炽热。收音机是否收到特别杂音。

3. 再将塑料、铝质平底容器装适量的水放在电磁炉台面,用温度计测水温。通电 5 min后,用温度计测水温,判断是否升温。收音机是否收到特别杂音。

4. 总结实验结果,并解释原因。

[思考题]

实验中放置收音机目的是什么？调节收音机接收频率可否估测电磁炉工作频率？

[注意事项]

实验结束关掉电磁炉电源,功率不宜设置最大。

实验 2 – 41 门磁探测器演示

[实验目的]

通过门磁探测报警演示,了解磁学的应用。

[实验装置]

包括实验装置如图 2 – 64 所示,包括门磁探测器,防盗报警器主机。

图 2 – 64 门磁探测器

[物理原理]

门磁传感器由两部分组成,较小的部件为永磁体,内部有一块永久磁铁,用来产生恒定的磁场,较大的是门磁传感器主体,内部有一个常开型的干簧管,如图 2 – 65 所示。

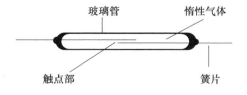

图 2 – 65 干簧管结构

干簧管中有两个极,一个极的接触部分是固定的铜片,一个极的接触部分是附在弹簧片的铁片,管的附近无磁场时,铁片处于不接触状态,两极之间相当开路;有磁场时铁片受磁场作用而运动,使接触点合拢,两极之间相当闭合。

对门磁传感器当永磁体和干簧管靠得很近时(小于5 mm),干簧管两极闭合,门磁传感器处于工作守候状态,工作电流仅仅微安。当永磁体离开干簧管一定距离后,干簧管两极断开,门磁传感器处于工作状态,通过电路发出无线信号给接收主机产生报警。

[演示方法与现象]

1. 先将门磁探测器组件合拢,再移动磁铁部件,注意移动多远门磁探测器(LED)发光。

2. 合拢门磁探测器组件,接通报警主机电源,按遥控器使报警器主机处于布防状态,再移动磁铁部件,使得主机报警。

3. 遥控器按撤防,关掉主机电源。

[思考题]

继电器是一种利用小信号控制大电流的控制器件,广泛应用于电力保护、自动化、遥控、测量和通信等装置中。通过实验演示,我们熟悉了干簧管这种继电器的一个应用,你能否设计出它在其它方面的应用吗?

第3篇　光学及其综合演示实验

实验 3 – 1　无 源 之 水

[实验目的]

利用无源之水演示光学现象,演示光学假象。

[实验装置]

无源之水实验装置由水泵、储水池、灯源、导流管等组成,如图 3 – 1 所示。

图 3 – 1　无源之水实验装置

[物理原理]

装置中的水龙头悬在空中,没有进水管,但通电后会有水不断从水龙头流下,这是为什么?

装置的导流管下端接连着一个水泵,抽出的水可以沿着导流管内部提升。水抽到管顶端后,再从导流管外面流下,使水流包裹着导流管,水和导流管两者透视率相近,所以大家就不容易发现中间的导流管,误以为这水是“从天而降”,其实是下面储水池的水泵不断提升水沿塑料管内出来,再从管外流下。本实验告诉我们,眼睛看到的光学现象如果不做分析,那么有时会得出假象结论,这类光学现象还有海市蜃楼等。实验表明,有时利用人的错觉,可以产生“眼睛会骗人”现象。

[演示方法与现象]

1. 接通电源,可见有水源源不断地从悬空的水龙头中流出。
2. 停电后介绍装置,使同学了解原理。

[思考题]

如果储水池装的是有色溶液,还会有同样效果吗? 为什么?

[注意事项]

实验演示前要打开电源,调好导流管的位置,要使流出的水能均匀罩在导流管的外面,达到最好效果。

实验 3 – 2   直角镜的演示

[实验目的]

通过直角镜成像特点分析,学习光的反射定律应用。

[实验装置]

直角镜由两面相互垂直的平面镜构成(图 3 – 2 中 OY、OX 分别代表平面镜位置)。

[物理原理]

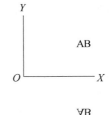

直角镜是由两个平面镜相互垂直放置构成的,如图 3 – 2 所示。设 AB 是物体,则根据平面镜成像原理可知,物体 AB 与其像 ∀B 关于平面镜 OX 对称,而 OX 镜对 AB 发出的光也可反射到 OY 镜。在 OX 镜和 OY 镜相互垂直

图 3 – 2　直角镜成像示意图

条件下,根据光的反射定律,可证明反射光相当于从虚像 ∀B 发射到 OY 镜,且关于 OY 平面镜对称,成像于 ∀B。显然,像 ∀B 相对于物 AB 恰恰是反对称,观察看到的现象与只有一面平面镜成像是不同的。

[演示方法与现象]

1. 在直角镜前观察自己在直角处的像,然后从单独一面镜中观察自己的像,能发现有什么不同? 举起左右手观察两种情况下像的特点。
2. 把书放在直角镜前,观察镜中书的像特点。
3. 解释直角镜成像。

[思考题]

1. 请根据光的反射定律画出 AB 经过 OX 和 OY 两次反射形成的像 ∀B 位置,并证明

它们是反对称。

2. 如果两面镜不是垂直的,如大于 90° 或小于 90°,将会出现什么情况? 能否用光路图证明自己的设想。

[注意事项]

直角镜已经调放好,不要移动,防止镜的跌倒损坏。

实验 3 - 3　光 学 幻 影

[实验目的]

学习利用平面镜和凹面镜成像原理分析和解释光学幻影现象。

[实验装置]

光学幻影仪器内部由下至上有 3 部分:被光照射的玫瑰花(实物)、与水平面成 45° 方向放着的半透镜(又称高反射率的镀膜玻璃)、大型凹面镜,如图 3 - 3 所示。

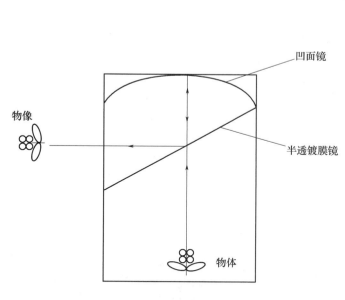

图 3 - 3　光学幻影仪器内部示意图

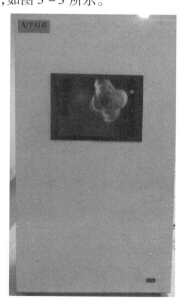

图 3 - 4　光学幻影仪器

[物理原理]

光学幻影仪(图 3 - 4)利用了凹面镜反射成像原理,将实物通过凹面镜在空中形成一个实像,如图 3 - 5 所示。

为了产生幻影效果,实物发出的光不是直接从仪器内部发出,而是利用半透镜(又称高反射率的镀膜玻璃)的膜面能够透射部分光也能反射部分光的特点。如图 3 - 3 所示,玫瑰花的光透过半透镜向上射到凹面镜,凹面镜向下的反射光被半透镜镀膜面以 45° 的方向反射,会聚在仪器外面形成一个实像。由于花在空中旋转,手也不能抓到实物,因而把该仪器称为光学幻影仪。

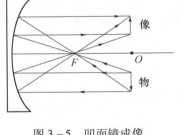

图 3 - 5 凹面镜成像

[演示方法与现象]

1. 打开电源,站在光学幻影仪器的前方(1 m 之外),仔细观察仪器窗口,能发现有一朵旋转的玫瑰花,这朵花成像在仪器外面,用手去抓并无实物。

2. 前后左右移动位置,看观察的像是否变化,注意在什么位置观察最好。

3. 仔细透过窗口看仪器内部有些什么部件,认识仪器结构。

4. 解释和总结实验现象与过程。

[思考题]

1. 实验中的凹面镜反光面是球面还是抛物面的? 能否依据光的反射定律画出凹面镜成像规律?

2. 物体发出光经过光学系统后重新会聚形成的图像我们称为实像,如果是光的反向延长线相交形成的像,称为虚像。你有什么简单办法肯定看到的幻影是实像?

3. 你可以还设计出其他光路形式的光学幻影仪吗?

实验 3 - 4 窥 视 无 穷

[实验目的]

通过窥视无穷现象的演示和分析,加深对光的反射定律和平面镜成像原理理解。

[实验装置]

窥视无穷演示仪器(图 3 - 6)是一个玻璃做成的长方形箱子,前面是一块反射率较大的平面玻璃(又称为镀膜玻璃),它能够使光在有膜表面部分被反射、部分被透射,后面是一块平面镜子,它的反射率很高,照上去的光均被反射回来。下面放着由五彩发光二极管构成的发光体。前后两面玻璃镜不是平行的,有一很小的夹角。

[物理原理]

正如实验装置所描述,发光体发出的光可以在前后两面玻璃镜之间来回不断反射和透

图 3 - 6 窥视无穷仪器

射。光每反射一次,根据光的反射定律或平面镜成像原理,知道能形成一个新的虚像,且该像与发出光的物体(或原虚像)关于平面镜对称。我们可以依据平面镜成像原理,依次在前后两面玻璃镜外画出每个像或其位置。如图 3 - 7 所示,以平面镜 AA 和半透镜 BB 为对称面,a 关于 BB 有对称像 a_1;关于 AA 有对称像 a_2;a_1 关于 AA 有对称像 a_3,a_3 关于 BB 有对称像 a_4;a_4 关于 AA 有对称像 a_5;……。显然,在前后两面玻璃不平行,有一很小的夹角时,形成的虚像位置也逐渐升高。考虑到半透镜的特点,每次透射出来的光和反射回去的光的光强总比原来照射的光的光强要小,因此多次反射和透射所形成的虚像看上去越来越暗。

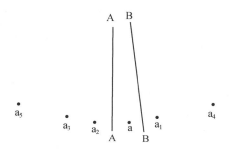

图 3 - 7   窥视无穷演示仪器成像示意图

[演示方法与现象]

1. 仔细观察仪器组成。
2. 打开电源,使箱内的发光体发光,站在仪器前观察现象。
3. 仔细观察箱中像的位置、亮度变化,记下变化的特点。
4. 画出光路图,解释现象。
5. 关闭电源。

[思考题]

1. 图 3 - 7 中,除发光点 a 外,其他像 a_1,a_2,a_3,a_4,…是实验还是虚像? 为什么?
2. 如果仪器中前后两面玻璃镜是平行的,那么产生的现象是怎样的? 可否用平面镜成像原理说明?

[注意事项]

为防止损坏仪器,不要打开仪器前面的半透镜。

实验 3 - 5   望远镜演示

[实验目的]

了解望远镜的结构、成像原理与特点。

[实验装置]

小型天文望远镜,如图 3 – 8 所示。

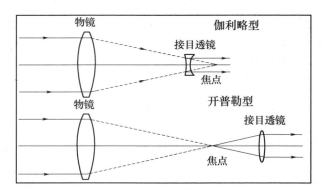

图 3 – 8　望远镜示意图

[物理原理]

最简单的望远镜结构由目镜和物镜组成。前面的物镜是凸透镜,其直径大、焦距长;后面的目镜是凸透镜或凹面镜,其直径小、焦距短。由于物镜大、焦距长,因此可以把远处景物发出光线会聚在物镜的后面,形成倒立的缩小的实像,这相当于把远处的景物移到近处看。通过调节,使实像恰好落在目镜的前焦点上,因用短焦距的目镜看实像,就好像用放大镜去看东西,所以我们眼睛看到的就是一个放大许多倍的虚像。这样,很远的景物通过望远镜来看,就仿佛景物被拿近放大呈现在眼前。

天文望远镜有很多类型,有光学的也有非光学的,如射电望远镜。光学望远镜有折射式和反射式。折射式望远镜的目镜和物镜都是透镜,反射式望远镜则目镜是凹面镜。实验中的小型天文望远镜为了记录和观察的方便,在底座和支架上装了两个量角器,用它们可以记录空间三维方位,在目镜和物镜之间有一个 45°的反射镜,它可以让光线改变 90°角,观察就更方便了。

[演示方法与现象]

1. 调节望远镜的方向,对准教室外的某物体。
2. 上下移动望远镜的目镜,使景物能清晰地在镜筒里的圆形分划板上成像。
3. 仔细对照所观察的实物,你能发现望远镜得到的像有何特点吗?

[思考题]

1. 凸透镜成像有什么特点? 能否用光路图或用公式证明其特点?
2. 为什么天文望远镜的物镜口径都需做成很大,而目镜口径则较小?

[注意事项]

仪器的镜片表面均镀了一层光学膜,严禁用手触摸。实验结束盖好目镜、物镜的遮灰盖,保护仪器。

实验 3-6 显微镜显示

[实验目的]

了解显微镜的结构、成像原理与特点。

[实验装置]

显微镜、标本。

[物理原理]

光学显微镜主要由物镜、目镜、载物台和反光镜组成。物镜的焦距短,目镜的焦距长,一般由几片透镜组合,各相当于一个凸透镜。如图 3-9 所示,待观察的标本(AB)放在物镜焦点外侧附近,在物镜后面形成倒立、放大的实像($A'B'$),实像位于目镜焦距以内。经过目镜的放大,得到一个肉眼可以看见的放大、正立的虚像($A''B''$)。显微镜的放大倍数是物镜的放大倍数与目镜的放大倍数的乘积,如物镜为 $10\times$,目镜为 $10\times$,其放大倍数就为 $10\times10=100$。

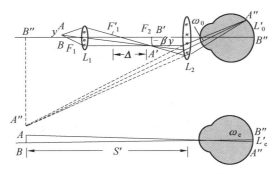

图 3-9 显微镜演增示意图

反光镜用来反射环境光,使待观察的标本照亮。反光镜一般有两个反射面:一个是平面,在光线较强时使用;一个是凹面,在光线较弱时使用。

[演示方法与现象]

1. 显微镜的使用遵循先粗调再细调的原则。一般先调节反光镜和光圈,使视野最亮无阴影(对光)。向上移动显微镜镜筒,将待观察的标本置放于载物台上,前后左右调节载物台,使标本正处于物镜筒下方。然后缓慢转动粗调节器使物镜接近标本。眼睛须从侧面、前后左右观看标本位置是否处于物镜筒下方,但不得接触物镜。

2. 左眼对着目镜,调节载物台使标本像出现在视野内,左手转动粗调节旋钮(顺时针转),使镜筒徐徐上升(对焦),适当微调载物台位置,应看到视野内的标本像(粗调);再缓慢转动微调旋钮,能清晰看见标本像(细调)。如果像丢失,必须从头开始,先粗调、再细调显微镜进行观察。

3. 调好后可以请其他人观察标本像。

4. 解释和总结实验现象与过程。

5. 实验结束,要向上移动镜筒,移走标本,盖好镜头。

[思考题]

1. 凸透镜成像有什么特点? 能否用光路图或用公式证明?

2. 电子显微镜和光学显微镜有何不同? 有何相似?

[注意事项]

1. 标本放到载物台前,要提升镜筒,禁止物体接触物镜。调节载物台左右前后位置使标本在视野区域。

2. 粗调物镜时一定要先侧面观看,镜筒由上往下接近标本(逆时钟转);细调物镜是由下往上移动(顺时钟转)。

3. 显微镜要轻拿轻放,不可把显微镜放置在实验台的边缘。

4. 保持显微镜的清洁,镜头和照明部分有灰尘,只能用洗耳球吹或镜头纸轻轻擦拭,切忌口吹、手抹或用布擦。机械部分可用布擦拭。水滴、酒精或其他药品切勿接触镜头和镜台,如果沾污应立即用镜头纸擦净。

5. 要养成两眼同时睁开观察的习惯,以左眼观察视野,右眼绘制观察到的像。

实验 3-7 导 光 水 柱

[实验目的]

利用光的折射定律解释导光水柱现象,加深对光的全反射的认识和理解。

[实验装置]

导光水柱演示仪、激光器、接水桶。

[物理原理]

光从一种介质(设其相对真空光的绝对折射率为 n_1)射到另一种介质(设其相对真空光的绝对折射率为 n_2),在界面光将一部分发生折射,一部分发生反射。

如果入射角是 θ_i、反射角是 θ_r,折射角是 θ_t。那么光的反射定律表明光的反射规律,即光的入射线、法线和反射线在同一平面,且 $\theta_i = \theta_r$;光的折射定律表明光的折射规律,即光的折射线、法线和反射线在同一平面,且 $n_1 \times \sin\theta_i = n_2 \times \sin\theta_t$。根据正弦函数单调性和折射定律可知,$\theta_i$ 增加,θ_t 也增加。对空气光的绝对折射率 $n_1 = 1$,对水光的绝对折射率 $n_2 = 1.33$。从水射向空气的光,满足 $\dfrac{n_1}{n_2} \times \sin\theta_i = \sin\theta_t = 1$,即 $\theta_i = 48.7°$,那么折射角 θ_t 为 $90°$,光全部反射到水中,即发生全反射。在 $\theta_i \geq 48.7°$ 情况下,光发生全反射。如图 3-10 所示。

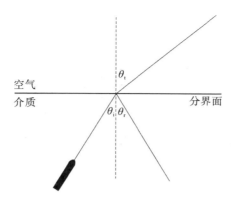

图 3 - 10　光的反射与折射示意图

本实验光在水柱中传播,它从水柱射向水柱与空气交界面的入射角大于 48.7°,都满足全反射条件,因此光发生全反射,只在水中传播,不会出现折射光。在水柱的末端由于水流出现紊乱,光流经那里出现散射,因而外面能看到光的散射现象。

[演示方法与现象]

1. 打开电源,调节激光器,使得激光能射中装满水的水箱出水孔中心。

2. 仔细观看流出的水柱前端、中间和后面各段,看哪些部位有激光出来。然后用手接挡水柱前段,看水中是否有激光。

3. 对现象进行解释,并说明本实验现象与光纤通信的共同之处。

[思考题]

光纤传导中的光纤由石英材料拉丝形成,外面有保护层。对保护层材料的选取应有什么要求? 上网搜索查阅光纤实际的保护层材料特性,证明自己的判断。(已知石英的折射率为 1.547。)

[注意事项]

由于激光能量集中,实验时不能直视激光,防止损伤眼睛。

实验 3 - 8　海市蜃楼演示

[实验目的]

通过海市蜃楼演示现象的观察,加深光的折射定律理解和应用。

[实验装置]

海市蜃楼演示仪器由横着两个并列的玻璃水箱组成。一个水箱装有自来水,一个水箱装有盐水。水池后有发光线或塑料玩具。

[物理原理]

自然界在特定气象条件下,如在大海、大湖边,有时可以形成稳定的、大范围的、下面密度大(空气折射率也大)、上面密度小(空气折射率也小)的气候,这时很远的景物发出的光会沿着向上凸的曲线传播,人们可能看到远处有漂浮的正立景象,即海市蜃楼。

在特定气象条件下,大沙漠中也可以形成稳定的、大范围的空气密度下面小、上面大的气候,这时很远、高处的景物发出的光可能沿着向下凹的曲线传播,出现空中有漂浮的倒立景象,称为下显海市蜃楼。

在本实验中,海市蜃楼模拟演示装置装自来水的水箱的水密度均匀,其折射率也是均匀的,因而光在水中传播沿直线传播,后面的景物像位置不会变化。在装有盐水的水箱,盐水下面的浓度大,上面的浓度小。实验证明浓度大的盐水折射率比浓度小的盐水的折射率大($n_1 > n_2 > n_3 > \cdots$),根据光的折射定律,可以推证光由折射率大的介质射向折射率小的介质,折射光线远离法线(图 3 – 11)。在盐水箱中盐水的浓度由下到上是逐渐变小的,因此光线也是逐渐远离每一层面(水平的)的法线,即光线实际是沿一条向上凸的曲线传播,水池后面的景物发出光,沿着曲线传播,因此最后出来的光线比出发点高些,或者说我们沿着出射光的反向延长线看到的景物虚像将比景物位置高一些。

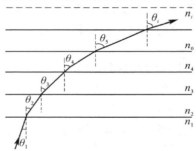

图 3 – 11 盐水中光线传播示意图

[演示方法与现象]

1. 先观察仪器装置结构和布置。

2. 打开灯光,从仪器前的窗口看后面的两个玩具房子,比较它们的高低;判断两水箱哪边装有自来水,哪边装有盐水。

3. 打开 EL 发光线电源,沿水平方向观看装置里水箱后面的 EL 发光线,数清 EL 发光线条数,观察发光线左右位置高低。判断两水箱哪边装有自来水,哪边装有盐水。

4. 解释和总结实验现象。

[思考题]

根据光的折射定律推证光由折射率大的介质射向折射率小的介质,折射光线将远离法线,并做光路图。

实验 3 - 9　透 光 铜 镜

[实验目的]

通过透光铜镜的现象演示,理解透光铜镜原理,了解我国古代科学技术的发展。

[实验装置]

透光铜镜,如图 3 - 12 所示。它是一面铸有图案,一面非常光亮。

 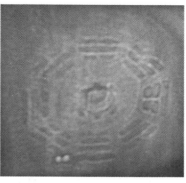

图 3 - 12　透光铜镜外观与现象

[物理原理]

铜镜从外观上看与普通铜镜一样,但用日光或平行光的灯源照射时,在铜镜的反射光的影里,就会映出铜镜另一面所铸的铭文及图案,这种铜镜被称为"透光镜",出土的均为青铜制造,故多称为"透光铜镜"。最早见于西汉时期,后来工艺失传。透光铜镜的文献和出土曾引起古今中外诸多学者的关注和猜测。现在我们通过分析和研究基本弄清了透光铜镜的成因。实验室的透光铜镜是一个仿古制品。

那么是什么原因使得这种铜镜具有这种特性?仔细观察铜镜的结构,可以发现它是经过抛光的曲率很大的凸面镜,后面是有凸凹感的浮雕。铜镜正面好像是非常光滑的,实际上是有细微的变化。首先,铸造这种凸凹感的浮雕在冷却过程中由于厚薄不均匀,会产生内部应力不均匀,使得其表面有很小的变形;其次,对铜镜抛光过程产生热量也会因铜镜厚薄不均匀产生内部应力不均匀使其表面变形;再有,铜镜放在太阳下照射,热量使铜镜发热产生膨胀,由于它厚薄不均匀,也可能使镜的表面有细微变化,上述各种变形是非常小的,但都与铜镜后面的浮雕厚薄有关,也就是说铜镜的厚薄不均匀在几种条件下都可能使得其表面有细微变化,并且这种变化与浮雕是一一对应,变化虽然微小,但是铜镜的凸面在阳光照射下会反射形成一个放大很多的像。

[演示方法与现象]

1. 将铜镜置于阳光下照射,调节铜镜使光反射到室内的墙壁上,仔细观察墙上的光斑。如果没有阳光,也可以用手电筒光代替阳光。

2. 解释现象产生的原因。

[思考题]

在原理中提出了三种透光铜镜现象的可能的成因,你认为哪种可信? 怎么证明? 是否还有别的原因? 上网查找相关资料。

[注意事项]

由于透光铜镜抛光面需保证光洁才能出现现象,因此实验中不要用手接触该面,实验结束要将铜镜放回盒子中。

实验 3 – 10   红绿立体图

[实验目的]

通过红绿立体图的观察分析,理解立体像形成的一般原理。

[实验装置]

红绿立体图;红绿眼镜;电视机及红绿(蓝)立体视频碟。

[物理原理]

三维的物体看去是立体的,原因是什么? 原来人的左、右眼睛位置相隔一定距离,当看三维物体时会形成一定视差,视差使左、右眼睛里形成两幅有差异的图像,两图像反映到大脑,经过大脑的自动合成产生立体感的物体像。这就是立体像产生的原理。现代立体电视和电影均是利用了该原理。

如图 3 – 13 所示,红绿立体图是把两幅具有适当视差的同一景物分别制成红色和绿色图像,再把这两幅图像组合在一起。我们戴上红绿眼镜后,透过红色镜片只能看到红色的图,透过绿色的镜片只能看到绿色的图。左、右眼将具有视差(色差)的两张图反映到大脑,经大脑合成使观察者看到一幅逼真的立体画。图像的立体感的深度,取决于制作两幅图的视差大小。

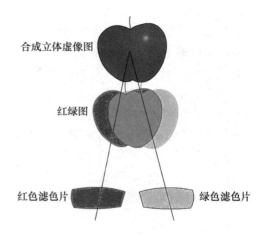

图 3 – 13   红绿立体图的形成示意图

[演示方法与现象]

1. 先直接观看红绿立体图,然后再戴红绿滤色镜观看同一幅红绿画。

2. 戴上红绿滤色镜看红绿立体图,用手遮住红色镜片看红绿立体图,仔细观察,是否能看到同一画的红色部分;再用手遮住绿色镜片看红绿立体图,仔细观察是否能看到同一画的绿色部分,再戴红绿滤色镜同时观看同一幅红绿画,体会是否有立体感。

3. 用电视机播放红绿(蓝)立体视频碟戴上红绿滤色眼镜观看节目。

4. 用一只眼看画面,用一手指从左或右侧面一次性地接触画;再张开两眼进行类似实验,你感觉接触画面哪种方法更准确?

5. 解释和总结红绿立体成像。

[思考题]

1. 除了本实验方法外,想一想还有什么别的方法制作立体画吗? 原理有什么不同?

2. 立体电影(如《阿凡达》)或电脑立体游戏你看过没有? 那里动态的立体画面是怎么形成的? 试阐述之。

实验 3 – 11　光纤灯演示

[实验目的]

通过光纤工艺品的演示,了解光纤在照明上的运用。

[实验装置]

光纤灯与光纤花(图 3 – 14)。

图 3 – 14　光纤灯与光纤花

[物理原理]

光纤照明(光纤灯)系统是由光源、反光镜、滤色片及光纤组成的。当光源通过反光镜后,形成一束近似平行光。由于滤色片的作用,又将该光束变成不同的彩色光。当彩色光束进入光纤后,彩色光就随着光纤的路径传到预定的地方发光。现代医学微创手术也是利用光纤照明(附内窥镜)和光电技术进行手术,景观光纤艺术品也有光纤灯的应用。

光纤是光纤照明系统中的主体,它由光纤芯和表面涂层构成。纤芯折射率(n_2)大于涂层折射率(n_1),光垂直端口入射到光纤芯,光在光纤芯与涂层界面的入射角远大于全反射的临界角($\theta_i = \arcsin(n_1 / n_2)$),根据光的全反射条件知道光在光纤芯与表面涂层的界面只能发生全反射,光不会折射出涂层外,因此光的能量始终集中在光纤内,损耗非常小。

光纤分为粗纤芯塑料纤维、细纤芯塑料纤维、玻璃纤维束。按出光特点又有端发光和体发光两种。前者就是光束传到端点后,通过(光纤)尾端进行照明;而后者光纤本身就是发光体,光纤芯内掺有其他粉末材料,光在芯内可散射,形成一根柔性光柱。塑料光纤由高分子化合物聚合而成,具有导光性强、省电、耐用、不发热、无污染、可弯曲、可变色和环境适应范围广、使用安全等特点。

[演示方法与现象]

1. 介绍光纤灯构成,展示光纤花叶面下的光纤。
2. 分别打开光纤花盆景电源,观察它们出光特点;稍弯曲一支光纤,注意出光变化。
3. 介绍光纤灯中光纤传输光的原理;关闭电源,结束实验。

[思考题]

现代微创外科手术广泛运用了光纤技术,上网了解光纤技术具体运用,设备中的光纤有哪些主要的要求?

[注意事项]

虽然光纤灯的光纤可以弯曲,但是不要弯得过度,以免折断光纤。

实验 3 – 12　光纤通信演示

[实验目的]

通过光纤通信演示实验,了解光纤通信的过程和光的折射定律的应用。

[实验装置]

光纤通信演示系统由两个音乐信号发生器和接收器、小灯泡、模拟光纤的有机玻璃管、放大镜、光电池和扬声器等组成,如图 3 – 15 所示。

图 3 – 15　光纤通信演示装置

[物理原理]

光纤是光导纤维的简写,微细的光纤封装在塑料护套中,使得它能够弯曲而不至于断裂。构成光纤的石英玻璃的折射率较外表面介质折射率大,当光从端面入射到光纤时,入射角远远大于全反射的临界角,因此光只能在光纤中传播,如图 3 – 16 所示。

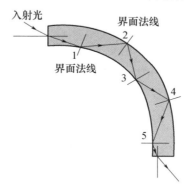

图 3 – 16　光纤中光的传播

通常在光通信中,光纤的发射装置使用发光二极管(LED)或激光器产生光,利用电信号对光的调制,使光的某些参数(振幅、频率、相位等)发生变化,产生包含电信号信息的光信号,光信号通过光纤一端传递到光纤另一端,接收端的光敏元件接收光信号并将光信号转变为电信号(光信号的解调),如图 3 – 17 所示。

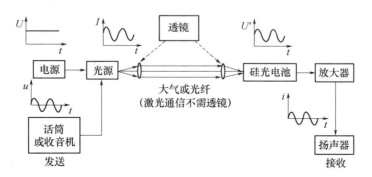

图 3 – 17　模拟电信号调制光源强度的光纤通信

利用光导纤维进行的通信叫光纤通信。一组金属电话线(同轴电缆)至多能同时传送几百路电话,而根据理论计算,一对细如蛛丝的光导纤维可以同时通一百亿路电话! 铺设 1000 km 的同轴电缆大约需要 500 t 铜,改用光纤通信只需几千克石英就可以了。沙石中就含有石英,几乎是取之不尽的。

光纤的出现是现代科学技术的重要事件。现代社会作为信息时代的社会,信息量是海量的,要把海量的信息进行稳定的、不失真的、抗各种干扰的、远距离的传输目前都是依靠光纤通信,可以说光纤通信是信息社会重要的技术保证。

[演示方法与现象]

1. 将音乐信号放大器输出端和小灯泡连接,光电池和另一个音乐信号放大器的接收端连接,打开电源,观察灯泡的亮度的变化。

2. 仔细调节放大镜位置,使小灯发出的光能够会聚到模拟光纤的有机玻璃管的端面。

3. 移动光电池,接收模拟光纤的有机玻璃管的另一端面出来的光,接收机将光解调为电信号,音乐被还原。

4. 去掉模拟光纤,打开教室日光灯,听取接收机放出的声音变化。

5. 解释和总结实验现象与过程。

[思考题]

1. 光纤通信有很多优点,其中一条就是它比电缆通信抗干扰能力强,请分析其原因。

2. 为什么光通信要利用光纤作为载体进行,而不直接在空气中进行?

[注意事项]

音乐信号放大器的输出不能调得太大,以免出现失真情况。

实验 3 – 13　光栅立体画

[实验目的]

通过光栅立体画观察,加深立体画形成的理解。

[实验装置]

光栅立体画。

[物理原理]

人类的眼睛在观察一个三维物体时,由于两眼水平分开在两个不同的位置上,观察视角不同,所以左右眼实际看到的物体图像是不同的。两条视线交叉可以确定空间不同位置,因此前后不等距离的物体看去视线也不同,它们之间存在着一个像差,该像差经过大脑合成,形成一个具有深度变化的三维物体像,这就是所谓的立体视觉原理。

光栅立体画表面覆盖一层光栅,光栅是若干形状一致、光学性质完全相同、沿水平方向均匀排列的柱状形透镜,如图 3 – 18 所示。光栅下有同一物体从不同视角(相当人左右眼看物体方向)拍摄的两幅有差异的照片,将两幅画按照光栅相邻透镜的距离进行分割,再依次错位排列。由于光栅条状透镜的折射和隔离作用,使下面两幅画在空间分别朝一定角度折射出来,人的左、右眼分别接收两幅有差异的画后,经过大脑合成形成光栅立体画。如图 3 – 19 所示。如果照片或图画是两幅不同内容的画(例如一幅是狗另一幅是猫)组成,设计好光栅常数,人移动位置就可以交错看到两幅画的画面,这就是光栅变换画。

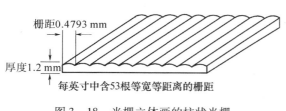

图 3 – 18　光栅立体画的柱状光栅

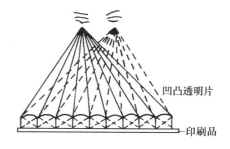

图 3 – 19　光栅立体画的光折射

［演示方法与现象］

1. 仔细观察光栅立体画表面。

2. 先用双眼观察画面,再分别用左眼观察画面、用右眼观察画面,发现有何差别。

3. 先用双眼观察画面,然后用手指定在一位置,分别左眼看、右眼看手指画面处,发现其中变化。

［思考题］

一只眼看光栅立体画为什么没有立体感,而是模糊的画?

［注意事项］

为保持光栅画的清晰,严禁用手刻划光栅表面。

实验 3 – 14　偏振仪上的起偏与检偏演示

［实验目的］

用偏振片演示自然光的起偏和检偏,定性检验马吕斯定律。

［实验装置］

偏振仪上的起偏与检偏实验装置如图 3 – 20 所示。

图 3 – 20　起偏与检偏实验装置示意图

[物理原理]

光波是一种电磁波,其波动中电场的振动称为光振动。由于电磁波是横波,所以光波中光振动的振动方向总是垂直于光的传播方向。在普通光源发出的光波中,由于各原子发光的随机性和独立性,在垂直于传播方向的任一截面内,光振动在各个方向出现的概率相等,强度相同,且没有固定的相位差,这样的光振动称为自然光。如果光振动只在某一给定的方向上出现,这样的光称为偏振光或线偏振光。如果光振动在各个方向出现的概率相等,但强度不同,同时没有固定的相位差,则称为部分偏振光。

偏振片是从自然光中获得偏振光的最常用的器件,它通常是用具有二向色性的透明介质制成的,这种介质能强烈地吸收入射光中在某一方向上的光振动,而对于与该方向垂直的光振动几乎不吸收或吸收很少,从而使入射的自然光变成偏振光。

偏振片中允许光振动透过的方向称为偏振片的偏振化方向或透光轴,自然光通过偏振片后,就成为偏振光,这一过程称为起偏,若把偏振光入射到偏振片上,并以光的传播方向为轴线转动偏振片,则每转 90° 都会出现透射光强由最亮到最暗(消光)或由最暗(消光)到最亮的变化过程,由此也可以判断入射光是否为偏振光,这一过程称为检偏。

如图 3-21 所示,如果不考虑偏振片的吸收和反射,光强为 I_S 的自然光射到偏振片 P_1 上时,由 P_1 透射出的偏振光的强度为

$$I_0 = I_S/2$$

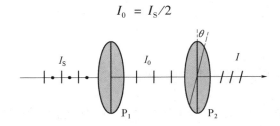

图 3-21 起偏与检偏

当强度为 I_0 的线偏振光入射到偏振片 P_2 时,由 P_2 透射出的偏振光的强度为

$$I = I_0\cos^2\theta$$

式中,θ 是入射偏振光的光振动方向与偏振片 P_2 的透光轴之间的夹角,这一规律称为马吕斯定律。本实验就是在偏振仪上定性演示马吕斯定律。

[演示方法与现象]

1. 打开光源,使一束大致平行的光线垂直射向偏振片,其透射光直接射到光屏上。

2. 以光线为轴线,转动偏振片,观察光屏上透射光强的变化。实验发现,透射光强没有变化。这表明,由普通光源发出的光是自然光。

3. 在偏振片后面再插入第二个偏振片。第一个偏振片保持不动,以光线为轴线,转动第二个偏振片,观察由第二个偏振片透射出的光强变化,实验将发现,当两个偏振片的偏振化方向相同时,透光最强;当两个偏振片的偏振化方向垂直时,几乎不透光,出现消光现象;当两偏振片偏振化方向的夹角由 0° 逐渐增大到 90° 的过程中,透过的光强由最大逐

渐减小,直到消光。这表明射到第二个偏振片上的光是偏振光。

4. 实验也可以不用偏振仪,直接用双手各持一个偏振片,让两偏振片前后重叠放置,让自然光通过偏振片,改变两偏振片的偏振化方向之间的夹角,观察光线通过两偏振片的透光情况,完成光的起偏与检偏实验。

5. 打开计算机,手握一个偏振片,对着液晶(LCD)显示器缓慢转动,观察光学现象得出实验结论。

[思考题]

1. 如果偏振片对于平行于透光轴方向的光振动也有一定的吸收,即假设其透过率为 T,对于垂直于透光轴的光振动仍完全吸收,则马吕斯定律的表达式应具有什么形式?

2. 试讨论偏振片在现代科技产品(如液晶显示技术)及在立体电影中的作用。

[注意事项]

实验用的偏振片是把偏振膜贴在玻璃片上制成的,使用时要轻拿轻放,避免摔碰。

附录

液晶(LCD)显示器在结构上有两个相互垂直的极化滤光器(偏振片),滤光器中间夹有一层液晶,液晶分子不加电场或电压能使通过的光振动方向扭转 90°,加电压则光振动方向不会扭转,有时称这种液晶为扭转液晶。显然,所有光线穿出第一个滤光器都会成为偏振光,当液晶未加电压时,由于上下滤光器(偏振片)的方向相互垂直,通过液晶的偏振光会扭转 90°,光可以从第二个滤光器中穿出;当液晶加电压后,偏振光不被扭转,光线被第二个滤光器阻断。因此用数字或图像电压加在液晶上,就使液晶(LCD)显示器出现数字或图像。

实验 3 - 15　偏振光干涉演示

[实验目的]

通过偏振光干涉演示实验,了解偏振光干涉的产生原理。

[实验装置]

偏振光干涉演示仪,如图 3 - 22 所示。

图 3 - 22　偏振光干涉演示仪

[物理原理]

透明的固体介质在压力或张力的作用下,折射率特性会发生改变。若介质是光学各向同性的,那么外力的作用就使它成了各向异性的,会产生双折射。若介质本来就是光学各向异性的晶体,那么外力作用会使它产生一个附加的双折射,这些现象称为应力双折射,也称为机械双折射或光测弹性效应。

偏振光干涉演示仪内的图案分两种:

(1)数层的薄膜叠制而成的蝴蝶、飞机、花朵等图案(中心厚,四边薄),薄膜内部的残余应力分布均匀;

(2)光弹性材料制成的三角板和曲线板,厚度相等,但内部存在着非均匀分布的残余应力。

光源发出的白光透过第一个偏振片后变成线偏振光。线偏振光通过这些模型后会产生应力双折射,分成有一定相差且振动方向相互垂直的两束光。这两束光通过最外层的偏振片后成为相干光,发生偏振光干涉。

对于蝴蝶、飞机、花朵等模型,由于应力均匀,双折射产生的光程差由厚度决定,各种波长的光干涉后的强度均随厚度而变化,故干涉后呈现于层数分布对应的色彩图案。

对于三角板和曲线板,由于厚度均匀,双折射产生的光程差主要与残余应力分布有关,各波长的光干涉后的强度随应力分布而变,则干涉后呈现与应力分布对应的不规则彩色条纹。条纹密集的地方是残余应力比较集中的地方。

U形尺的干涉条纹类似于三角板和曲线板,区别在于这里的应力不是残余应力,而是实时动态应力,所以条纹的色彩和疏密是随外力的大小而变化的。利用偏振光的干涉,可以考察透明元件是否受到应力以及应力的分布情况。

转动外层偏振片,即改变两偏振片的偏振方向夹角,也会影响各种波长的光干涉后的强度,使图案颜色发生变化。

[演示方法与现象]

1. 轻轻地从仪器上方抽出仪器内的两种图案,看到它们都是由无色透明的材料制成的,原样放回。

2. 打开光源,这时立即观察到视场中各种图案偏振光干涉的彩色条纹。

3. 旋转面板上的旋钮,观察干涉条纹的色彩也随之变化。

4. 把透明U形尺从窗口放进,观察不到异常,用力握U形尺的开口处,立即看到在尺上出现彩色条纹,且疏密不等;改变握力,条纹的色彩和疏密分布也发生变化。

[思考题]

将眼镜放到仪器的偏振片之间,看会出现什么现象?如果有变化,解释其原因,如果无变化也请解释。

[注意事项]

取玻璃片小心轻放,注意安全。

实验 3 – 16　光的反射与折射的偏振演示

[实验目的]

演示自然光经玻璃片反射后的起偏现象,以及自然光经玻璃片堆折射后的起偏现象,定性检验布儒斯特定律。

[实验装置]

反射与折射光的偏振实验装置如图 3 – 23 所示,由光具座、玻璃片堆、两个偏振片、灯源和光屏组成。

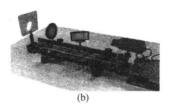

(a)　　　　　　　　　　　(b)

图 3 – 23　反射与折射光的偏振实验装置

(a) 反射;(b) 折射

[物理原理]

光波是一种电磁波,其波动中电场的振动称为光振动。由于电磁波是横波,所以光波中光振动的振动方向总是垂直于光的传播方向。在普通光源发出的光波中,由于各原子发光的随机性和独立性,在垂直于传播方向的任一截面内,光振动在各个方向出现的概率相等,强度相同,且没有固定的相位差,这样的光振动称为自然光。如果光振动只在某一给定的方向上出现,这样的光称为偏振光或线偏振光。如果光振动在各个方向出现的概率相等,但强度不同,同时没有固定的相位差,则称为部分偏振光。

在一般情况下,自然光入射到两种透明介质的分界面发生反射和折射,反射光和折射光都将变为部分偏振光,如图 3 – 24(a) 所示,在图中,点代表垂直纸面方向,线条代表平行纸面方向。令 n_1、n_2 分别是两透明介质的折射率,

$$i_p = \arctan \frac{n_2}{n_1}$$

当入射角 i_p 满足上式,反射光是光振动垂直于入射面方向的偏振光,并且反射光线与折射光线的传播方向互相垂直,如图 3 – 24(b)。这个规律称为布儒斯特定律,其特殊的入射角 i_p 称为布儒斯特角。

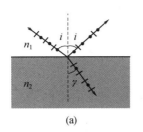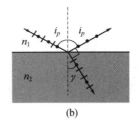

图 3 - 24 反射折射时光的偏振态

(a) 一般角入射；(b) 布儒斯特角入射

如果自然光以布儒斯特角 i_p 入射到许多重叠在一起的透明薄片组成的"玻璃片堆"上,可以证明,在"玻璃片堆"的每个表面反射时都能满足布儒斯特定律,即每次反射都能把垂直于入射面的光振动反射一部分,而平行于入射面的光振动完全透射,最后就能得到偏振度较高的偏振光,如图 3 - 25 所示。

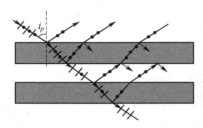

图 3 - 25 由玻璃片堆的折射获得偏振光

[演示方法与现象]

1. 按图 3 - 26 所示摆好光路,打开白光光源,使光源射出的平行光束以布儒斯特角(对于折射率为 1.5 的玻璃, $i_p = 56.3°$)射到玻璃片堆上。

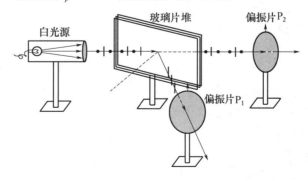

图 3 - 26 验证布儒斯特定律实验光路图

2. 观察反射光的偏振态,在反射光路上放一个偏振片 P_1 ,转动偏振片透光轴的方向,观察透过 P_1 后光强的变化。实验发现,当透光轴沿竖直方向时,反射光全部通过 P_1 ;当透光轴沿水平方向时,出现消光现象。这表明反射光是完全偏振光。

3. 观察透射光的偏振态。在透射光路上放一个偏振片 P_2 ,转动偏振片透光轴的方向,观察透过 P_2 后光强的变化。实验发现,当透光轴沿水平方向时,透过 P_2 的光强最大;

当透光轴沿竖直方向时,透过 P$_2$ 的光强最弱,但不出现消光现象。这表明透射光是偏振度较高的部分偏振光。

4. 改变入射角,重复步骤 3 和 4,观察在任意入射角时,反射光和折射光的偏振态。

[思考题]

1. 本实验中所用玻璃片堆能否用一块厚的玻璃砖代替? 为什么?

2. 夏天,汽车司机在宽阔的柏油路面上行驶时,为了挡住柏油路面反射的太阳光,以保障行车安全,常常戴一副偏振眼镜。试解释其中的道理。

[注意事项]

偏振片是把偏振膜贴在玻璃片上组成的,使用时要轻拿轻放,避免摔碰。

实验 3 – 17　菲涅耳衍射演示

[实验目的]

通过演示光遇到圆屏、圆孔、十字孔、方屏、方孔等障碍物时产生的菲涅耳衍射现象,进一步加深对光的波动性的理解。

[实验装置]

光的菲涅耳衍射实验装置由 He – Ne 激光器、扩束镜、衍射屏、观察等组成。图 3 – 27 是几种衍射物形成的菲涅耳衍射图案。

|圆孔|圆屏|方孔|三角形孔|十字丝|十字孔|

图 3 – 27　菲涅耳衍射图案

[物理原理]

1. 衍射概述

所谓衍射,就是当波在传播过程中遇到障碍物时,偏离直线路径而传播的现象。衍射现象和干涉现象一样,都是一切波动的基本特征。光具有衍射现象,从一个侧面证明了光具有波动性。

光的本性是什么? 早在 17 世纪,就有荷兰物理学家惠更斯和英国科学家牛顿分别提出了自己的不同理论:“波动说”和“微粒说”。他们都能解释当时已发现的各种光的现象。但是由于牛顿的崇高威望,在后来的一百多年中,“微粒说”占了统治地位。到了 18 世纪末 19 世纪初,人们发现单色点光源通过小圆孔照射到屏上的光斑不是简单的圆形亮斑,而是呈现一圈一圈明暗相间的光强分布,如图 3-27 中的第一个图所示。对于这种现象,上述两种理论都无法解释。

为了解释这一奇特的现象,法国科学院发起了悬赏征文活动。1916 年,年仅 28 岁的菲涅耳在法国科学院发表论文。在论文中,他以"波动说"为基础,运用并发展了惠更斯的子波概念,提出了"子波相干叠加"的思想,从而得到了反映光的衍射现象的基本原理——波面上的任何一点都可以看成是发射子波的子波源,波面前方任意一点的光振动的振幅就是到达该点的所有子波的相干叠加。这称为惠更斯—菲涅耳原理。利用这个原理,菲涅耳很巧妙地计算了圆孔衍射的光强分布,与当时观察到的实验结果符合得很好。

但是菲涅耳的理论遭到许多科学家的反对。其中,数学家泊松的反对最强烈,他的论据是:如果菲涅耳的理论是对的,那么若把圆孔改为圆盘,理论计算可以得到在圆盘阴影的中心必定有一个亮点。泊松认为这"当然是不可能的",因为当时谁也没见过这个亮点,面对泊松的挑战,菲涅耳无言以对,但他仍深信自己的理论是正确的,也就是说他相信在圆盘阴影的中心必定有一个亮点,后来,在实验物理学家阿喇果的帮助下,终于从实验上证实了在圆盘阴影的中心的确有一个亮点。从此,科学界普接受了光的衍射理论,圆盘阴影中心的亮点称为"泊松斑"。

按照光源、障碍物和观察屏的距离的远近,光的衍射一般分为两大类:菲涅耳衍射和夫琅禾费衍射。若光源与障碍物、障碍物与观察屏之间的距离(或两者之一)是有限远的,这类衍射称为菲涅耳衍射,其衍射光路如图 3-28 所示;而对于夫琅禾费衍射,两者之间的距离都是无限远的,或相当于无限远,其光路如图 3-29 所示。

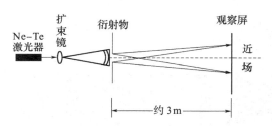

图 3-28 菲涅耳衍射光路图

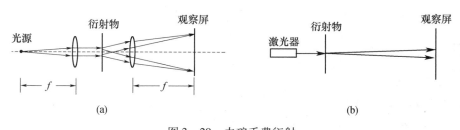

图 3-29 夫琅禾费衍射

(a) 夫琅禾费衍射光路图;(b) 夫琅禾费衍射演示用光路图

2. 菲涅耳半波带理论对圆孔衍射现象的解释

如图 3-30 所示,CC' 是在不透明屏上开的一个小圆孔,圆孔的半径为 ρ,点光源 S 处在通过圆孔中心的轴线上,距圆孔边缘的距离为 R,现在来考察圆孔中心轴线上一点 P 处的光振动的振幅,P 到波阵面 CC' 顶点 B_0 的距离为 r_0,若以波阵面 CC' 的顶点 B_0 为中心,把波阵面分割成多个环带,使每个环带的边缘到 P 的光程差均为 $\lambda/2$,即使相邻两环带在 P 点引起的光振动的振动相位差为 π。因此,如果把相邻两个环带之一在 P 点的光振动规定为正,另外一个则为负,这种环带称为菲涅耳半波带。

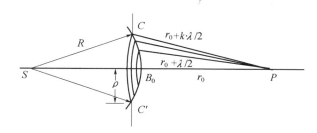

图 3 – 30　圆孔的菲涅耳衍射

设 $a_1, a_2, a_3, \cdots, a_k$ 分别是第 1、第 2、第 3、$\cdots$、第 k 个半波带在 P 点的光振幅,则 P 点光振动的合振幅为

$$A_k = a_1 - a_2 + a_3 - \cdots \pm a_k \tag{1}$$

式中,k 为偶数时取负号,奇数时取正号。

随着序数 k 的增大,各半波带距 P 点的距离 $r_k = r_0 + \lambda/2$ 及倾角均逐渐增大,从而使 $a_1, a_2, a_3, \cdots, a_k$ 的大小随着序数 k 的增大而单调地减小,即

$$a_1 > a_2 > a_3 > \cdots > a_k$$

并且有如下近似关系

$$a_2 = \frac{a_1 + a_3}{2}, \quad a_3 = \frac{a_2 + a_4}{2}, \cdots, a_k = \frac{a_{k-1} + a_{k+1}}{2} \tag{2}$$

把式(2)代入式(1),得

$$A_k = \frac{a_1}{2} \pm \frac{a_k}{2} \tag{3}$$

式中,k 为偶数时取正号,奇数时取负号。

当圆孔上只露出为数不多的几个半波带时,a_1 与 a_k 的差别不大,在此情况下,当 k 为奇数时,

$$A_k = \frac{a_1}{2} + \frac{a_k}{2} \approx a_1 \tag{4a}$$

当 k 为偶数时,

$$A_k = \frac{a_1}{2} - \frac{a_k}{2} \approx 0 \tag{4b}$$

这表明,在此条件下,当圆孔露出的半波带数目为奇数时,P 为亮点;当半波带数目为偶数时,P 为暗点。可以证明,半波带的数目 k 可以由下式确定:

$$k = \frac{\rho^2}{\lambda} \frac{R + r_0}{R r_0} \tag{5}$$

式(5)表明,在光源到圆孔的距离 R 及圆孔的孔径 ρ 给定后,圆孔上露出的半波带数目,

也就是 P 点的亮暗将取决于 P 点到圆孔的距离 r_0；另一方面，当 R 与 r_0 给定后，改变圆孔的半径 ρ，也可以使 P 点的光强出现明暗交替变化。

显然这个结论与几何光学的结论是完全不同的，却完全符合实验结果，但是在圆孔孔径很大，以至于 $k \to \infty$ 时，第 k 个半波带在 P 点的光振幅 a_k 实际上可以忽略不计，此时，

$$A_k = \frac{a_1}{2} \pm \frac{a_k}{2} = \frac{a_1}{2} \tag{6}$$

即 P 点的光强是不变的，这个结论与几何光学的结论是一致的。

3. 菲涅耳圆屏衍射泊松亮斑

现在来考察，点光源 S 发出的光波通过一个不透明圆屏 D 后，在 S 与圆屏中心的直线上任意一点 P 的光强，如图 3 - 31 所示。根据上述菲涅耳半波带理论，圆盘使点光源 S 发出的波面中，前 m 个半波带对 P 点的光强不起作用。所以 P 点光振动的合振幅为

$$A_P = a_{m+1} - a_{m+2} + a_{m+3} - \cdots \pm a_{m+k}$$

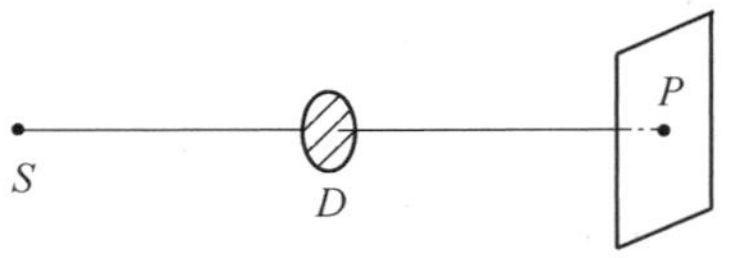

图 3 - 31 菲涅耳圆屏衍射

再利用式（2），可得，

$$A_P = \frac{a_{m+1}}{2} \pm \frac{a_{m+k}}{2}$$

式中，k 为偶数时，前面取负号；k 为奇数时，前面取正号。而在上述情况下，k 总趋于无限大，所以 $a_{m+k} \to 0$，则

$$A_P = \frac{a_{m+1}}{2}$$

这表明，当圆盘不太大，$m+1$ 较小时，在圆盘几何阴影的中心，永远是一个亮点。这就是泊松最初认为"不可能的亮斑"，现在称为"泊松亮斑"。

对于轴外任意一点的光强分布，以及光遇到其他障碍物时（如直边、方孔等）产生的菲涅耳衍射现象，也可以用类似的菲涅耳半波带理论做出完美的解释。

［演示方法与现象］

1. 按图 3 - 28 所示摆好光路，使 He - Ne 激光器发出的平行细激光束先通过扩束镜扩束（扩束镜实际上就是一个短焦距会聚透镜），再把扩束后的激光束垂直照射在孔径 1 ~ 3 mm 的圆孔上，扩束镜与圆孔的距离约为 0.3 ~ 0.5 m，并在 1 m 以外的屏幕（或白墙）上观看圆孔的菲涅耳衍射图案（注意：在幻灯片大小的玻璃片上已经同时制作了圆孔、圆屏、方孔、三角形孔等多个大小不同的障碍物可供选择）。

2. 把观察屏从 3 m 以外的地方逐向圆孔渐靠近，观察条纹的变化，特别是图案中心的明暗变化。

3. 用直径连续可调的圆孔取代直径固定的圆孔，保持屏的位置不变，逐渐增大或减

小圆孔的直径,观察衍射图案中心明暗的变化。

4. 分别把圆孔换成圆屏、方孔、方屏、正三角形孔、十字孔、十字丝、针尖、直边等障碍物,以相同的方式观看不同障碍物的菲涅耳衍射图案。

[思考题]

假设点光源到圆孔、圆孔到观察屏的距离均为 1 m,圆孔的孔径为 1 mm,He – Ne 激光的波长为 632 nm,试判断衍射图案中心的明暗情况。

[注意事项]

1. 从扩束镜射出来的光线应垂直照射到障碍物上,才能得到清晰的衍射条纹。判断是否垂直入射的方法是:观察从玻璃片上的反射光是否沿原路返回到扩束镜中心,若是,则垂直入射。

2. 如果障碍物到观察屏的距离因受场地限制不够远,将导致衍射图案太小,不利于观察。此时可以在障碍物后面加一个凹透镜,就能使衍射图案适当放大,便于观察。

3. 演示教室应布置成黑暗环境。

实验 3 – 18 夫琅禾费衍射演示 1

[实验目的]

用激光演示各种微小障碍物的夫琅禾费衍射现象。

[实验装置]

激光的夫琅禾费衍射实验装由 He – Ne 激光器、衍射物、观察屏等组成。几种常见物体的夫琅禾费衍射图案,如图 3 – 32 所示。

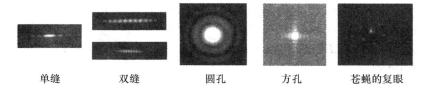

单缝　　　双缝　　　圆孔　　　方孔　　　苍蝇的复眼

图 3 – 32　夫琅禾费衍射图案

[物理原理]

根据光源到衍射屏及衍射屏到观察屏之间距离的大小,光的衍射现象可以分为菲涅耳衍射和夫琅禾费衍射,即近场衍射和远场衍射。在夫琅禾费衍射中,上述两个距离均要求无限远,即要求投射到衍射物上的光是平行光,接收屏放在无限远处;或在衍射物的前后各放置一个凸透镜,把光源和接收屏均放在透镜的焦平面上,如图 3 – 33 所示。在实际操作中,对于线度为 d 的衍射物,只要衍射物与光源及衍射物与观察屏之间的距离 z 或 z'

均满足$\dfrac{d^2}{4z} \ll \lambda$,则就能满足夫琅禾费衍射条件。

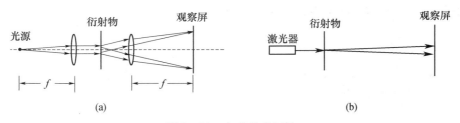

图 3 – 33　夫琅禾费衍射

（a）夫琅禾费衍射光路图；（b）夫琅禾费衍射演示用光路图

　　由于激光器发出的细激光束基本上是平行光束,因此把激光束直接射在线度不大于 0.5 mm 的衍射物上,在 2 m 以外的观察屏上就能看到夫琅禾费衍射图案。图 3 – 32 中, 分别给出了细激光束垂直入射到单缝、双缝、圆孔、方孔和苍蝇的复眼上时得到的夫琅禾费衍射图,其中,单缝、圆孔、方孔的线度均不大于 0.2 mm。

　　如图 3 – 34 所示,在单缝的夫琅禾费衍射图中,暗纹位置条件为

$$a\sin\theta = k\lambda \tag{1}$$

中央明纹的宽度为

$$\Delta x = 2\,\frac{f}{a}\lambda \tag{2}$$

式中,a 是单缝的宽度;λ 是入射光的波长;f 是衍射物后会聚透镜的焦距(在不用透镜时, f 就是衍射物与观察屏之间的距离,下同)。

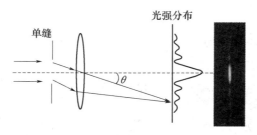

图 3 – 34　夫琅禾费单缝衍射

　　如图 3 – 35 所示,在圆孔的夫琅禾费衍射图中,其中央亮斑称为艾里斑,艾里斑的角半径和直径分别为

$$\delta = 1.22\,\frac{\lambda}{D} \tag{3}$$

$$d = 2.44\,\frac{\lambda}{D}f \tag{4}$$

式中,D 是圆孔的直径。

　　如图 3 – 36 所示,在双缝衍射中,明纹条件和相邻两个明纹的间距分别为

$$d\sin\theta = k\lambda \tag{5}$$

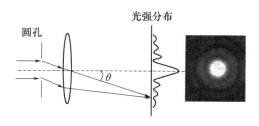

图 3 - 35　夫琅禾费圆孔衍射

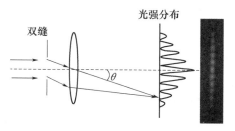

图 3 - 36　夫琅禾费双缝衍射

$$\Delta x = \frac{f}{d}\lambda \tag{6}$$

式中,d 是双缝中心间的距离。

式(2)、式(4)和式(6)均表明,夫琅禾费衍射图样的大小与衍射物的大小成反比。由于可见光的波长范围为 400 ~ 760 nm。因此若要用裸眼观察到夫琅禾费衍射现象,衍射物的尺寸必须非常小(如 < 0.5 mm),且透镜有足够大的焦距。显然这与我们熟知的结论是一致的,即衍射现象是否明显,取决于衍射物的尺寸与波长的关系,只有当两者相近时,才有明显的衍射现象。

[演示方法与现象]

一、单缝衍射

1. 将激光束垂直照射在一个宽度可变的单缝上。即可在 3 m 以外的屏上看到衍射条纹。

2. 改变单缝的宽度,使条纹的宽度逐渐变小(或变大),观察衍射条纹随狭缝宽度的变化规律。

二、双缝衍射

1. 将激光束垂直入射到双缝衍射屏上(通常在一块幻灯片大小的玻璃片上印有 3 对间距不同的双缝,还有其他的圆孔、方孔等),让光束通过其中一对双缝即可,在 3 m 以外的屏上观察衍射条纹。

2. 再选择另一种间距的双缝,观察衍射条纹随双缝间距的变化规律。

三、圆孔、双圆孔、方孔衍射

1. 在衍射屏上找到直径(或边长)小于 0.5 mm 的圆孔、方孔或双孔,让细激光束垂直入射在孔的中心,即可在 3 m 以外的屏上观察到圆孔、方孔或双孔的衍射条纹。

2. 重新选择不同孔径或边长的小孔,观察衍射图样随孔径的变化规律。

[思考题]

1. DVD 光盘表面出现的彩色条纹是一种什么现象? 试加以解释。

2. 在现代日常生活中,你还看到过哪些光的衍射现象? 试加以解释。

[注意事项]

各种衍射物都集合在几块幻灯片大小的玻璃片上。为了能在衍射物后 3 ~ 4 m 的屏上观察衍射图案,尺寸大于 1 mm 的衍射物通常用于观察菲涅耳衍射,小于 0.5 mm 的用于观察夫琅禾费衍射。

实验 3 – 19　夫琅禾费衍射演示 2

[实验目的]

观察白光和单色激光照射时,光栅的夫琅禾费衍射现象(一维光栅、正弦光栅、二维正交光栅……)。

[实验装置]

光栅衍射现象的观察可以采用下列三种方式(装置)进行。

1. 手持一块(透射)光栅,并把它放在眼睛前 5 cm 处,透过光栅观看前方的白光点光源(如射灯),如图 3 – 37(a)所示,即可看到白光的光栅光谱。

(a)　　　　　　　　　(b)　　　　　　　　　(c)

图 3 – 37　光栅衍射现象的观察

(a)手持光栅观察白光衍射;(b)观察细激光束通过光栅的衍射;(c)用分光计观察光栅光谱

2. 观察细激光束通过光栅后的衍射装置,如图 3 – 37(b)所示。衍射图如图 3 – 38 所示。

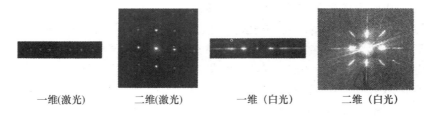

一维(激光)　　　二维(激光)　　　一维(白光)　　　二维(白光)

图 3 – 38　单色激光和白光经一维和二维光栅的衍射图

3. 利用分光计来观察各种光源(Na 灯、Hg 灯、H_2 灯、节能灯等)的线状光谱和连续光谱,如图 3 – 37(c)所示。

[物理原理]

由一系列等间距的透明狭缝所组成的光学器件,称为光栅,如图 3 – 39(a)所示。相邻两个透明狭缝间的距离称为光栅常数,通常用 d 来表示。若其中每个透明部分的宽度为 a,不透明部分的宽度为 b,则光栅常数 $d = a + b$。通常用于可见光的光栅常数在 1 ~ 10 μm 之间。相当于每毫米内有 100 ~ 1000 条透光狭缝。

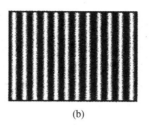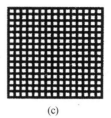

图 3 - 39　各类光栅示意图

（a）一维光栅；（b）一维正弦光栅；（c）二维光栅

如果光栅的透过率函数可以表示为

$$\tau(x) = \tau_0 + \tau_1 \cos \frac{2\pi}{d} x$$

这样的光栅称为正弦光栅，如图 3 - 39（b）所示。两块一维光栅的正交密接就构成一块二维正交光栅，如图 3 - 39（c）所示。

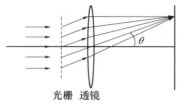

如图 3 - 40 所示，当一束波长为 λ 的单色平行光垂直入射在（一维）光栅上时，在衍射角 θ 方向出现光栅衍射明条纹的条件是

$$(a + b)\sin\theta = k\lambda$$

其中，$k = 0, \pm 1, \pm 2, \cdots$，上式为光栅方程。图 3 - 41 给出了当 $(a + b)/a = 3$ 时，在衍射屏上的光强分布函数。图中虚线是宽度为 a 的单缝衍射光强分布的包络

图 3 - 40　光栅衍射光路图

线，实线的长度表示光栅衍射中各级衍射明纹的相对强度。对于正弦光栅，观察屏上将只有 $k = 0, \pm 1$ 三个衍射明纹（或亮斑）。

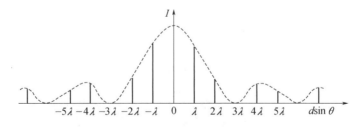

图 3 - 41　光栅衍射的光强分布 $(a + b = 3a)$

［演示方法与现象］

1. 观察白光的光栅光谱。打开射灯（白光点光源），将光栅放在眼睛前面 5 cm 处，通过光栅看光源，观察白光的光栅光谱。观察现象如图 3 - 38 中后面两个图所示，并把白光的 1 级、2 级、3 级光谱的相互重叠情况填入表 3 - 1。

表 3 - 1　光谱的相互重叠情况

光谱级	0 级光谱	1 级光谱	2 级光谱	3 级光谱
重叠情况				

2. 观察细激光束的光栅衍射图。利用图 3 – 37(b)所示装置,观察细激光束通过各种光栅时的衍射图。

3. 利用分光计观察各种光源(钠灯、汞灯、氖灯、氢灯、节能灯)的光经过光栅衍射后的线状光谱和连续光谱。(注:分光计的调节将由指导教师协助完成。在观察时,分光计的平行光管和载物台均固定不动,仅仅转动望远镜即可观察。)

① 打开光源,使光源的出光孔靠近并对准平行光管上的狭缝。

② 将光栅放在载物台上,通过目测,使光栅平面与平行光管的轴线垂直。

③ 适当地左右转动望远镜,即可在望远镜内观察到线状光谱或连续光谱(取决于光源的种类)。

[思考题]

1. 在光栅的白光光谱中,1 级光谱和 2 级光谱之间有部分重叠吗? 为什么?

2. 参考图 3 – 41,试说明什么是光栅衍射中的缺级现象。

3. 为什么在分光计中观察到光栅的衍射图是一条条竖直的亮线,而在用细激光束照射时看到的是一个个亮斑? 两者间有什么相同的地方?

实验 3 – 20   光栅光谱的观察

[实验目的]

利用光栅观察几种光源的谱线,初步认识物体发光谱线的意义。

[实验装置]

实验仪器是由三组带有光栅和不同光源的实验台组成的,光源分别是白炽灯(固体发光源)、汞灯和钠灯(气体发光源)。如图 3 – 42 所示。

图 3 – 42   光栅光谱的观察装置

[物理原理]

光栅也称衍射光栅,它利用了多缝衍射原理使光发生色散(分解为光谱)。利用不同方法,人们可以在光学平面玻璃或金属片表面刻大量平行等宽、等距狭缝(刻线)制作成光栅。光栅的狭缝数量很大,一般每毫米几十至几千条。单色平行光通过光栅每个缝产生光衍射和各缝间产生光干涉,形成一组暗条纹很宽、明条纹很细的图样,这些细锐而明亮的条纹或图样称作谱线。每组谱线的位置取决于光波波长,当复色光通过光栅后,不同波长的谱线在不同的位置出现而形成许多光谱。光通过光栅形成光谱是单缝衍射和多缝干涉的共同结果。根据谱线位置分布特点,有连续的、分立的光谱。谱线的分布由物质的分子、原子结构决定。一般固体发出的光是连续光谱(光谱的颜色是连续变化的),气体发出的光是分立的光谱(光谱的颜色是分开分布的)。

利用光栅衍射可以精确地测定光的波长,也可以根据谱线的分布判断物质的分子或原子成分。人类探索宇宙星体的物质成分,常常利用这方法进行研究。

单色光通过衍射光栅在屏幕上产生的光谱线的位置(方向),可用式

$$(a+b)(\sin\varphi \pm \sin\theta) = k\lambda$$

表示。式中,a 代表狭缝宽度,b 代表狭缝间距,φ 为衍射角,θ 为光的入射方向与光栅平面法线之间的夹角,k 为明条纹光谱级数($k = 0, \pm 1, \pm 2, \cdots$),$\lambda$ 为波长,$a+b$ 称作光栅常数。用此式可以计算光波波长。由于光栅产生的条纹具有明条纹很亮很窄、相邻明纹间的暗区很宽、衍射图样十分清晰的特点,因此衍射光栅比棱镜色散作用更明显,应用更广泛。

[演示方法与现象]

1. 打开电源,等几分钟后,从左至右依次通过光栅观察白炽灯、汞灯、钠灯的光谱。
2. 仔细观察一族光谱,记下其颜色的变化与位置分布特点。
3. 解释和总结实验现象。

[思考题]

自然界的物质(各种气体、液体、固体)对自然光的吸收和反射形成的光谱分布是特定的,能否利用这规律进行物质的判断,怎么做?

[注意事项]

在观察光谱实验中不要频繁开关电源,避免大电流冲击气体灯管,影响使用寿命。两次开灯的时间应相隔 5 min 以上。

实验 3 – 21　肥皂膜的等厚干涉

[实验目的]

演示肥皂膜的等厚干涉条纹。

[实验装置]

肥皂膜的等厚干涉装置由不锈钢储液漕和几种不锈钢框架组合。如图 3 – 43 所示。

图 3 – 43　肥皂膜的等厚干涉装置图

[物理原理]

不锈钢框架上的肥皂膜形成后,在重力的作用下,肥皂膜中的水从上向下流动,从而形成上薄下厚的劈尖状薄膜。根据薄膜干涉理论,当光垂直照射时,经薄膜两表面反射光之间的光程差为

$$\delta = 2nd + \frac{\lambda}{2}$$

当$\delta = 2k\lambda$,为明纹;当$\delta = (2k\lambda + 1)\frac{\lambda}{2}$,为暗纹。当光源为复合光的白光源,则观看薄膜会出现彩色的干涉条纹。

[演示方法与现象]

1. 肥皂液的配置:按照清水与洗洁精5:1的比例配制皂液,并加少许甘油。

2. 把不锈钢架完全浸没在肥皂液中,然后把钢架缓慢拉出。在钢架上就会形成较好的肥皂膜。

3. 将肥皂膜竖直放置,并移到日光灯或射灯下。当肥皂膜刚形成时,肥皂膜较厚,看不到干涉条纹。随着水的流失,肥皂膜自上而下逐渐变薄,当膜的厚度达到可见光波长的数量级时,就会出现干涉条纹,在白光(日光灯)照射下,其形状是自上而下逐渐变密的彩色条纹,条纹取向沿水平方向。随着肥皂膜的进一步变薄,干涉条纹逐渐下移,薄膜上部则看不到条纹。

[思考题]

当肥皂膜的干涉条纹稳定后,为什么条纹总是出现在薄膜的下方,薄膜上方几乎没有干涉条纹?

[注意事项]

在肥皂液中加入甘油可以增加肥皂膜的弹性,使之不易破碎,但是过多的甘油会使干涉条纹不稳定,且无规律,反而不利于观察,因此甘油的用量不宜太多,应以肥皂膜能维持2 ~ 3 min 不破为宜。

实验 3 – 22　牛顿环演示薄膜干涉

[实验目的]

1. 演示牛顿环的非定域等厚干涉条纹。
2. 通过实验加深理解薄膜干涉的原理。

[实验装置]

大型牛顿环、激光器、光具座、扩束镜等,如图3 – 44 所示。

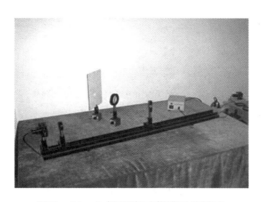

图 3 - 44　牛顿环演示薄膜干涉装置

[物理原理]

　　牛顿环是将一个半径 R 很大(可达几米)的平凸透镜的凸面放在一块平玻璃板上,两者间的空气形成一劈尖形空气薄膜(图 3 - 45),薄膜厚度由中心接触点向四周逐渐增加。当用波长为 λ 的单色光垂直照射时,在空气膜的上下表面就会产生等厚干涉条纹,其形状是一组明暗相间、内疏外密的同心圆环,该图为牛顿环薄膜干涉图样。

　　根据薄膜干涉理论可以证明,第 k 级暗环的半径为

$$r_k = \sqrt{kR\lambda}$$

式中,λ 是入射光的波长,R 是凸球面的半径。

　　与其他的薄膜干涉一样,若用扩展光源照射,干涉条纹定域于空气膜表面;若用点光源照射,则在与光源同侧的任意位置都可以得到干涉条纹,即条纹是非定域的。

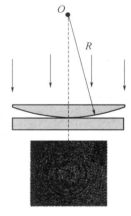

图 3 - 45　光路示意图

[演示方法与现象]

　　1. 按照装置图布置相关光学元件:大型牛顿环、激光器、扩束镜、光屏。

　　2. 调节牛顿环器件上的三个螺丝,使凸面朝下的平凸透镜与平玻璃的接触点在器件的中心位置,调节方法是:用普通光源照射时,可看到一组彩色、明暗相间的圆环状条纹,使这些圆环状条纹的圆心处在器件中心,并且条纹中心是暗纹。这样的一组条纹就是牛顿环薄膜干涉。

　　3. 将调节好的牛顿环用光具座夹具固定。打开激光器。

　　4. 调节扩束镜的位置,使经过扩展的激光束正好照射在牛顿环器件上,并把光反射在白屏上,此时白屏上将出现内疏外密、明暗相间、中心为暗点的一组同心圆环,这就是牛顿环干涉条纹,如图 3 - 45 所示。

　　5. 如果将白屏移至牛顿环器件的背面,则在白屏上也会出现一组类似的干涉条纹,只是中心为亮点,且条纹的对比度较差,这是由透射光产生的干涉条纹,它和反射光干涉

条纹正好是互补的。

[思考题]

1. 在牛顿环干涉图中,条纹的干涉级数是中间高,还是边缘高,为什么?

2. 在牛顿环的反射光干涉图中,条纹中心为什么是暗斑? 但在实际调节中,经常发现中央是亮斑,这是什么原因?

[注意事项]

1. 手指不要接触牛顿环表面,若有尘埃,需用镜头纸擦拭。

2. 调节牛顿环时,不要把螺丝拧得太紧,以免玻璃破碎。

实验 3 – 23　两平晶间空气膜的等厚和等倾干涉演示

[实验目的]

1. 演示空气薄膜的等倾干涉和等厚干涉。

2. 通过实验加深理解薄膜干涉原理。

3. 了解用平晶检测光学表面平整度的干涉测量方法。

[实验装置]

两平晶间空气膜的干涉装置由光学平晶组、激光器、扩束镜、白屏组成,如图 3 – 46 所示。

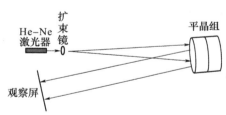

图 3 – 46　平晶间空气膜的干涉装置示意图

[物理原理]

平晶是具有一个或两个光学测量面的正圆柱形量规,如图 3 – 46 所示,其光学测量面是表面粗糙度和平行度误差都极小的玻璃平面。平晶分平面平晶和平行平晶两种。平面平晶利用光的干涉原理,用于测量高光洁表面的平面度误差;平行平晶的两个光学测量平面是相互平行的,可用于测量两个高光洁表面之间的平行度误差。

当一个平晶的光学平面置于另一个平晶的光学平面上时,在两个平晶的光学面之间就形成了一个空气薄膜,如图 3 – 47 所示,用光照射时就会出现干涉条纹。可以证明,空气膜上、下表面的两反射光再次相遇时,两者之间的光程差为

$$\delta = 2e\sqrt{1 - \sin^2 i} + \frac{\lambda}{2}$$

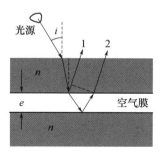

图 3 - 47　空气薄膜的干涉

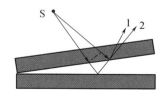

图 3 - 48　空气劈尖干涉

　　由上式不难看出,当空气模的厚度 e 不变时,δ 由入射角 i 决定,从而产生等倾干涉条纹,其形状是一组明暗相间、内疏外密的同心圆环。若用扩展光源照射,圆环状干涉条纹将定域于无穷远(或在会聚透镜的焦平面上);若用点光源照射,干涉条纹是非定域的,即在与光源同侧的任意位置都可以得到圆环状干涉条纹。

　　当空气膜形成劈尖状,如图 3 - 48 所示,并且用单色平行光照射时,由上式可知,光程差 δ 由劈尖的厚度 e 决定(因为入射角 i = 恒量),从而形成等厚干涉条纹。若用扩展光源(如钠光灯、日光灯)照射,则条纹定域于劈尖表面;若用点光源照射,则条纹是非定域的。

[演示方法与现象]

　　1. 观察白光的等厚干涉条纹——双手各拿一个平晶,把一个平晶压在另一个平晶上面,并在两光学面的边缘夹一块很薄的小纸片,将重叠后的平晶置于日光灯下,并在平晶光学面的反射光中寻找日光灯在镜面中的反射像,仔细观察日光灯在镜面中的反射像,可以发现在日光灯的反射像上叠加了一组明暗相间的直线状彩色条纹。若把重叠后的平晶置于钠光灯下,则更容易观察到干涉条纹,这就是在空气劈尖表面产生的等厚干涉条纹。

　　2. 打开 He - Ne 激光器,并让激光束通过扩束镜扩束。

　　3. 观察激光的等厚干涉条纹——把扩束后的激光束垂直射到夹了小纸片的两块平晶表面,并把光束反射到光屏上,就可在光屏上看到一组明暗相间的直线条纹(实际上,由于点光源照射的原因,条纹有一定弧度),这也是空气劈尖产生的等厚干涉条纹。

　　4. 观察等倾干涉条纹——取下两平晶间夹的小纸片,把两块平晶均匀地压在一起,以便在两晶面间形成一个厚度均匀的空气薄膜。再把扩束后的激光束垂直射到挤压在一起的两块平晶表面,并把光束反射到屏上,就可在屏上看到一组明暗相间的同心圆环,这就是平行空气薄膜产生的等倾干涉条纹。

[思考题]

　　1. 在等厚干涉条纹中,若光的平均波长为 550 nm,则相邻两暗条纹对应的空气膜的厚度差为多少?

　　2. 在观察等厚干涉条纹时,用钠光灯照射(λ = 589 nm)。若目测可以判断出条纹的弯曲度为条纹间距的 1/5,则用此干涉法测量表面平整度时的精度为多少?

3. 为什么平晶本身上下两个表面上形成的两反射光之间不能产生干涉?

[注意事项]

严禁用手触摸平晶的两个光学测量面,手拿平晶时,手指只能接触平晶的侧面(磨砂面)。

实验 3 – 24　晶体的双折射演示

[实验目的]

通过天然方解石的双折射现象演示,了解晶体双折射的机理。

[实验装置]

天然方解石、普通玻璃的三棱镜、激光器。

[物理原理]

有些透明介质,如玻璃、水、肥皂液等,无论光沿哪个方向,传播速度都是相同的,介质只有一个折射率,这样的介质称为光学各向同性介质。同时还存在另一类介质,主要是透明晶体物质,如方解石(化学成分是 $CaCO_3$)、石英、云母、硫磺等,光在其中传播时,沿着不同方向有不同的传播速率,这样的介质称为光学各向异性介质。

光线沿一定方向进入光学各向异性介质(如方解石)后,产生会分解为两束沿不同方向折射的光,它们为振动方向互相垂直的线偏振光,这称为双折射现象,如图 3 – 49 所示。

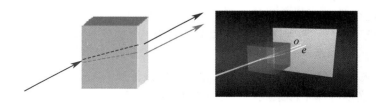

图 3 – 49　晶体的双折射

在光学各向异性晶体内部存在着某些特殊的方向,光沿着这些特殊方向传播时,不发生双折射现象,这个特殊方向称为光轴。应该注意,光轴仅标志一定的方向,并不限于某一特殊的直线。只有一个光轴的晶体,称为单轴晶体,如方解石、石英、红宝石等。有两个光轴的光学各向异性晶体称为双轴晶体,如云母、硫磺、蓝宝石等。氯化钠属于立方晶系的晶体,各向同性,不产生双折射。

天然方解石是碳酸钙的晶体,具有自然解面,如图 3 – 50 所示,其晶体形状是棱角分别为 102°和 78°的平行六面体,它是典型的单轴晶体。

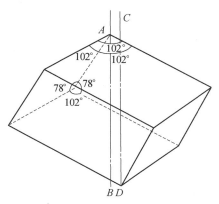

图 3 – 50　天然方解石晶体空间结构

天然方解石具有物理性质各向异性的特点,其光轴为 3 个棱角都是 102°的三面角的对称轴(图 3 – 50 中 *AB*、*CD* 及与之平行的方向),该光轴上任一点到三面角的距离相等。如果自然光束沿垂直于自然解面的方向入射到晶体上,因入射光与光轴的夹角不为 0(光不是沿着光轴方向),光线发生双折射现象。实验证明,在双折射中一条光线传播遵守通常的折射定律,折射光线在入射面内,这条光线称为寻常光线(ordinary rays),简称 o 光。另一条光线不遵守通常的折射定律,它不一定在入射面内,这条光线称为非常光线(extraordinary rays),简称 e 光。所以,通过方解石看物体常会出现两个重叠的像,如图 3 – 51 所示。

图 3 – 51　方解石双折射的重叠的像

产生双折射的原因是 o 光和 e 光在晶体中的传播速度不同。o 光在晶体中各个方向的传播速度相同,因而折射率 $n_o = c/v_o$ = 恒量。e 光在晶体中的传播速度 v_e 随方向变化,因而折射率 $n_e = c/v_e$,n_e 是变量,随方向变化。由于 o 光和 e 光的折射率不同,故产生双折射现象。利用偏振片可以检验光的偏振性,实验证明,o 光与 e 光是相互垂直的偏振光。

[演示方法与现象]

1. 用激光器照射普通玻璃的三棱镜,并改变方向,观察折射光,看是否有双折射现象。

2. 再移走三棱镜,让激光照射天然方解石,并改变方向,观察折射光,看是否有双折射现象。出现双折射现象后,再以入射光为转轴,转动天然方解石,观察出射的两束折射光的变化。

3. 实验也可以这样做,将三棱镜或方解石压在画有线条的白纸上,改变方向,观察线条的像,看是否有层叠像出现,以演示双折射现象。

4. 解释和总结实验现象与过程。

[思考题]

1. 天然方解石的光轴与棱边的夹角是多少?

2. 盐和白糖都是晶体,它们能够产生双折射现象吗?上网搜索还有哪些物质可以产生双折射现象,双折射现象可以应用在哪些方面?

3. 除了晶体外,还有哪些物质在什么情况下能产生双折射现象?

[注意事项]

1. 激光器发出的激光光强很大,注意不能对人照射,防止伤人事故。

2. 天然方解石是易碎物质,要轻拿轻放。

实验 3 - 25　辉　光　球

[实验目的]

通过辉光球实验的演示,了解等离子空间放电的一些现象和特点。

[实验装置]

将玻璃球内抽成真空,充入少量的几种惰性气体,在球中装上一个电极(石墨),电极与高频、高压电源相连就构成了辉光球,如图 3 - 52 所示。

图 3 - 52　辉光球

[物理原理]

辉光球里抽真空后,充入少量惰性气体。气体受外界宇宙射线、紫外线等作用可产生少量的离子(带正电和负电的粒子),这空间称为等离子空间,离子的正、负电量的绝对值相等。实验打开电源后,电极在等离子空间产生较强的电场。在电场的作用下,正、负离子作定向运动。对稀薄气体的空间,这些离子运动的自由路程较长,被加速的离子获得足够动能。当它们与其他中性的气体分子相碰会使其电离,产生新的正、负离子,同时分子的碰撞和电离过程使得气体原子的能级跃迁产生大量光子,激发出多彩的辉光现象。离子运动受无规则的热运动和定向电场的共同作用,因此辉光路径呈多变状态,具有独特飘逸现象。当外界改变球中电场分布,离子的运动随之变化,于是出现另一种多变的辉光飘动现象。

[演示方法与现象]

1. 观察和介绍辉光球的结构。

2. 打开电源,观察辉光球中间电极发出许多束飘动的光束。注意辉光形状和颜色的变化特点。

3. 然后用手触摸玻璃壳,上下左右移动手的位置,注意辉光形状和颜色的变化特点。
4. 调节电源的电压,注意辉光形状和颜色的变化特点。
5. 解释和总结实验现象。

[思考题]

辉光现象是很复杂的一种光电现象,在不同条件下出现不同的辉光现象。你的手触摸玻璃外壳,辉光会随手的移动而动,试解释现象的原因,提示手的电位与大地一致。

[注意事项]

辉光球是玻璃制造的,切勿硬碰和敲打。实验中不要频繁开启电源,实验结束及时关电,延长辉光球使用寿命。

实验 3 - 26　光的色散现象演示

[实验目的]

1. 理解白光是复色光,由各种颜色的光组成。
2. 理解透明介质的折射率与光的颜色有关。

[实验装置]

光的色散现象实验装置由 2 个三棱镜和 1 个白炽光源组合而成。

[物理原理]

白光是复色光,由红、橙、黄、绿、蓝、靛、紫各色光组成,由单一颜色组成的光称为单色光,如红光、绿光、蓝光等。

由于透明介质(如玻璃、水等)对不同颜色的光具有不同的折射率,因此光在两种透明介质分界面上发生折射时,不同颜色的光具有不同的折射角。对于单次折射,这种差别不易被发现。但如果让一束白光通过一个三棱镜,使光线在两个界面上折射,则出射光线就按颜色分散开,形成光谱,如图 3 - 53 所示。

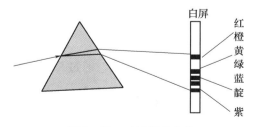

图 3 - 53　三棱镜的色散

如果让白光从一个棱镜中色散,再让色散的光谱通过另一个棱镜,如图 3 - 54 所示,则可以使色散的光谱复原成白光。

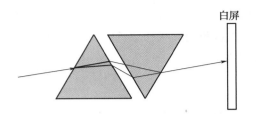

图 3 – 54   三棱镜的色散光再复合光

[演示方法与现象]

1. 用一个透光狭缝代替幻灯片,打开幻灯机,调焦,使屏幕上出现一条清晰、竖直的白色亮线。

2. 将三棱镜放在载物台上,使光线先通过三棱镜,再射到屏上。

3. 重新调焦,或适当移动光屏,屏上就会出现清晰的色散光谱带。

4. 将第二个三棱镜按图 3 – 54 所示紧贴第一个三棱镜放置,将发现彩色光谱带还原成一条白线。

[思考题]

1. 其实复合光的色散有很多方法,请列出另一种方法。气象中的七彩虹也是色散现象,你是否可以解释?

2. 根据图 3 – 53,可否发现光的折射率大小与光波波长有什么规律?

[注意事项]

1. 幻灯机灯泡的功率很大,实验完毕应及时将幻灯机关掉。

2. 三棱镜的光学表面不可用手指触摸,拿取三棱镜时手指只能接触三棱镜的上下两个磨砂底面。

实验 3 – 27   三基色合成演示

[实验目的]

演示光的三基色及三基色光合成的复色光。

[实验装置]

三基色合成演示仪由红、绿、蓝三色光源组成,通过开关可以分别控制它们的开与关,如图 3 – 55 所示。

图 3 – 55   三基色合成演示仪

［物理原理］

可见光的波长有一定的范围,不同波长的光波对应于不同的颜色,但我们在处理颜色时并不需要每一种颜色所对应的单色光波。因为自然界中所有的颜色都可以用红、绿、蓝(RGB)这 3 种单色光的不同组合而得到,这就是人们常说的三基色原理,红(Red)、绿(Green)、蓝(Blue)这 3 种光常被人们称为三基色或三原色。本实验仪用红、绿、蓝发光管发出的三种单色光作为本演示仪的三基色,并让三色光适当重叠,组合成复色光。

［演示方法与现象］

1. 本演示仪中红、绿、蓝三种颜色的发光面可分别由 3 个开关独立控制。演示时先分别闭合其中一个开关,断开其余两个,观察每一种颜色的发光情况,一般使光源距观察屏幕 60 ~ 70 cm 为佳。
2. 同时闭合任意两个开关,观察两种颜色混合的色彩和过渡色彩。
3. 同时闭合三个开关观察三基色混合的色彩。
4. 直视发光腔可以辨认三基发光管的发光色彩。
5. 近距离照射白色的纸板或墙壁,通过纸板或墙壁的反射,观察单色光混合后形成的复色光。

［思考题］

光的色散实验和本实验内容有何不同? 本质是否一样?

［注意事项］

1. 调节光源发射水平方向的螺丝会影响光源在垂直方向的影像,上述三个调节螺丝出厂时已调准好,当光源离白色观察屏 60 ~ 70 cm 时,不需要重新调整,观察者离光屏 2 m 以上时,观察效果比较好。在叠影部分比例失调时可作少量调节。调节螺丝时,若镜头角度不改变,可调节另外螺丝后,再作适量调节,否则螺丝会拧出,带来重装修复的麻烦,请细心操作。
2. 不宜随便频繁调节光源的输出电流。

实验 3 - 28　太阳能电池及应用演示

［实验目的］

通过太阳能电板的发电和应用,了解太阳能发电的原理。

［实验装置］

太阳能电板、蓄电池、LED 电灯、太阳能发电转换控制器、太阳能玩具。

［物理原理］

在人类利用的矿物能源日渐枯竭的当代,世界各国都在努力寻找绿色新能源,如光、风、海浪、潮汐和生物能。目前开发得最多的是太阳能。太阳能发电方式有两种模式:一种是光—热—电转换方式,这个过程是太阳能集热器将所吸收的太阳热能加热工质(如水),产生高温高压的蒸汽,再利用蒸汽驱动汽轮机发电;另一种是利用光电池的光电效应直接将光能转换为电能方式,本实验介绍的就是这种方式。

如图3-56所示,由硅材料构成的半导体,硅原子外层有4个电子,如果在材料中掺入外层5个电子的原子如磷原子,就形成N型半导体,N型半导体里有能自由移动的电子;若在材料中掺入外层3个电子的原子如硼原子,就形成P型半导体,P型半导体里有能自由移动的带正电的空穴。将N型和P型半导体接触,由于两种半导体中自由电子和空穴向对方扩散,使得P型一边堆积负电荷、N型一边堆积正电荷,形成厚度约10^{-7} m的电偶层即PN结,PN结存在内电场E。硅太阳能电板由许多半导体PN结组成。当太阳光照在半导体PN结上,某些波长的光子能量被PN结吸收,产生新的空穴—电子对,在PN结内电场的作用下,空穴由N区流向P区,电子由P区流向N区,形成光伏电动势,如果PN结与外电路连接,回路里将形成电流。只要太阳光持续照在太阳能电板上,光伏电动势就一直保持,就维持了回路里的电流。这就是太阳能电池的光电效应工作原理。为了获得较大电流和电压,一般我们对单个太阳能电池通过串联并联方式连接,并将电能储存在蓄电池里,图3-57是太阳能发电系统示意图。

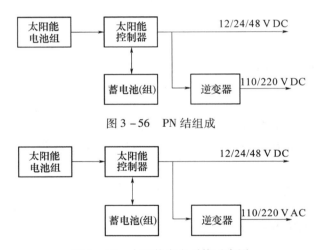

图3-56 PN结组成

图3-57 太阳能发电系统示意图

现在太阳能电池一般是用硅或硒材料做成硅光电池或硒光电池。它们寿命长、性能稳定、光谱响应范围宽、频率特性好,并且能耐较高的温度,所以应用普遍。但是太阳能电池的转换效率低、制造成本高,这是其推广困难的原因。

[演示方法与现象]

1. 用太阳光或红外灯照射太阳能电板(灯离太阳能板距离要大于30 cm),再用数字万用表电压挡测量其输出电压。

2. 太阳光或红外灯照射太阳电板,接通转换控制器开关,使LED灯发光,也可用照射太阳能玩具,使它们运动。

3. 实验结束关闭红外灯。

4. 解释和总结实验现象。

[思考题]

1. 为了提高太阳能电池转换效率,目前生产厂家主要采取了什么方法?

2. 半导体 PN 结产生的原因是什么? 能否利用 PN 结的内电场对外电路产生电流? 为什么?

[注意事项]

1. 由于红外灯的辐射温度很高,使用中照射太阳能电板或太阳能玩具不能离得太近,距离要相距 30 cm 以上,严禁靠近太阳能电板。

2. 实验结束请及时关闭电灯电源。

实验 3 – 29 热辐射和吸收演示

[实验目的]

通过演示现象热辐射和吸收,初步了解热辐射的基本规律。

[实验装置]

热辐射演示仪:红外灯 4 个(表面涂银色或黑色涂料),长颈烧瓶 2 个(表面涂银色或黑色涂料)和连接软管。如图 3 – 58 所示。

图 3 – 58 热辐射演示仪

[物理原理]

分子运动论表明物体由基本粒子组成,而基本粒子总在做热运动。热运动中带电粒子作加速运动则会向外发射电磁波,这种电磁波称为热辐射。在绝对温度零度以上,物体都会产生热辐射。物体在发射热辐射的同时,也吸收外界的热辐射。不同温度下物体产生的这种电磁波(热辐射)的能量按频率分布是不同的。物体热辐射有一定规律,实验证明随着温度的升高,辐射的总功率增大且正比于温度的四次方——斯特潘—玻耳兹曼定律;辐射最强的成分(波长)在光谱位置由较长向较短移动——维恩位移定律;在某一温度下物体的辐射本领和吸收本领之比等于常数,吸收系数不大于1,且与物质的性质无关——基尔霍夫辐射定律。外表深色物体产生或吸收辐射能力比浅色物体要强,吸收系数大。黑体的吸收系数最大,它等于1。

[演示方法与现象]

1. 检查烧瓶的气密性,调整软管中红色水柱位置于中间,并做位置记号。

2. 打开灯源,用表面银色和黑色的两红外灯分别照射表面均涂黑两烧瓶,观察红色水柱位置变化,说明两瓶内气压与温度的变化。实验过程可能需几分钟到十分钟左右。

3. 打开灯源,用全黑两红外灯分别照射银色或黑色的两烧瓶,观察红色水柱位置变化,说明两瓶内气压与温度的变化。实验过程可能需几分钟到十分钟左右。

4. 根据两次实验,作出实验结论。

[思考题]

有人说夏天穿白色衬衣应该比深色衬衣凉快些,对吗?请根据不同环境进行分析。

[注意事项]

实验结束请马上关掉电源,红外灯表面温度高达几百摄氏度,禁止用手触摸。

实验 3 – 30　半导体绿激光器

[实验目的]

半导体绿激光器的演示初步了解半导体激光器的工作原理。

[实验装置]

实验装置由激光器和电源组成。

[物理原理]

半导体激光器(semiconductor laser)是 1962 年研制成功的,当时只能在低温条件下工作,如图 3 – 59 所示。1970年实现半导体激光器在室温下连续输出。后来经过改良,开发出双异质接合型激光及条纹型构造的激光二极管(laser diode)等,广泛使用于光纤通信、光盘、激光打印机、激光扫描器、激光指示器(激光笔)。

半导体激光器工作原理是通过一定的激励方式,在半导体物质的能带(导带与价带)之间,或者半导体物质的能

图 3 – 59　半导体绿激光器

带与杂质(受主或施主)能级之间,实现非平衡载流子的粒子数反转,当处于粒子数反转状态的大量电子与空穴复合时,便产生受激发,其过程同时产生光子。半导体激光器的激励方式主要有 3 种,即电注入式、光泵式和高能电子束激励式。电注入式半导体激光器,一般是由砷化镓(GaAs)、硫化镉(CdS)、磷化铟(InP)、硫化锌(ZnS)等材料制成的半导体面结型二极管,沿正向偏压注入电流进行激励,在结平面区域产生受激发射。光泵式半导体激光器,一般用 N 型或 P 型半导体单晶做工作物质,以其他激光器发出的激光作光泵激励。高能电子束激励式半导体激光器,一般也是用 N 型或者 P 型半导体单晶(如 PbS,CdS,ZhO 等)做工作物质,通过由外部注入高能电子束进行激励。在半导体激光器件中,目前性能较好,应用较广的是具有双异质结构的电注入式 GaAs 二极管激光器。

半导体激光器的工作波长是和制作器件所用的半导体材料的种类相关的。半导体材料中存在着导带和价带,导带上面可以让电子自由运动,而价带下面可以让空穴自由运动,导带和价带之间隔着一条禁带,当电子吸收了光子的能量从价带跳跃到导带中去时,就把光的能量变成了电能,而带有电能的电子从导带跳回价带,又可以把电的能量变成光能,这时材料禁带的宽度就决定了半导体激光器的工作波长。

绿色半导体激光器工作原理是:通过非线性结晶对红外半导体激光器发射的 1064 nm 红外光进行波长转换,使其发射 532 nm 的绿色光,并非直接从半导体激光器射出绿色光。

[演示方法与现象]

1. 将激光器面板上调节电流的电位器向左旋转到尽头(电流为零),接通电源开关。
2. 缓慢地调节电流,同时观察激光头的出光情况。
3. 实验完毕,关闭时先将电流电位器向左旋转到尽头,使电流为零,再关闭电源。

[思考题]

本实验输出的激光是不是偏振光? 如何判断?

[注意事项]

1. 关闭电源前应先将电流电位器向左旋转到头,使电流为零。
2. 不要用眼睛直视激光器的光束,防止损伤眼睛。

实验 3 – 31　激光满天星

[实验目的]

通过激光满天星的有趣演示(图 3 – 60),展现激光的应用。

[实验装置]

激光满天星是一种特别的激光笔,内部有绿激光器和可变角度的二维光栅。

图 3 – 60　激光满天星演示现象

[物理原理]

在平面玻璃或金属片或透光塑料上,沿一个方向刻上大量平行等宽、等距的狭缝(划痕)或小孔,即构成了一维光栅,也称一维衍射光栅。光栅的狭缝(小孔)数量多而密集,一般每毫米距离有几十至几千条狭缝或几十至几千个小孔。

光照射在衍射光栅上将发生衍射。形成于光屏上的衍射光的位置,可用下式表示:

$$(a + b)(\sin\varphi \pm \sin\theta) = k\lambda$$

式中,a 代表狭缝宽度,b 代表狭缝间距,φ 为衍射角,θ 为光的入射方向与光栅平面法线之间的夹角,k 为明条纹光谱级数($k = 0, \pm 1, \pm 2, \cdots$),$\lambda$ 为波长,$a + b$ 称作光栅常数。波长一定,利用上式可以确定出射的衍射光方向或位置。狭缝类光栅产生的条纹的特点是:明条纹又亮又窄,相邻明纹间的暗区很宽,衍射图样十分清晰。孔状的光栅产生衍射光的像是圆点形状。

如果将两个一维衍射光栅叠加,且方向互成角度;或在两玻璃上沿两个互成角度方向重叠刻上大量平行等直径、等距的小孔,则形成二维光栅。光通过二维衍射光栅在屏幕上产生的光线的位置是二维方向分布,满天星激光笔的出光头装有可变角度的二维光栅,当旋转出光头,使得光栅相关参数跟着变化,因此衍射图案变化无穷。

[演示方法与现象]

1. 介绍激光的特点:亮度极高(可以是太阳亮度几十亿倍)、单色性好、散射角小(可达毫弧度或 0.05°)。

2. 接通电源,旋出激光笔的带花纹的出光头,向房顶照射,发出一束激光。

3. 再装上出光头,接通电源,向房顶照射,产生满天星图案,慢慢旋转出光头,产生变化的满天星图案。

4. 关闭电源,归还满天星激光笔。

5. 解释和总结实验现象。

[思考题]

衍射光栅有何特点? 如果将其应用于测定光波波长,光栅相关参数应有何要求?

[注意事项]

激光器发出的激光亮度极强,严禁用它对人照射,防止伤眼事故。另外,激光笔通电时间不宜连续超过 10 s。

实验 3 - 32　激光测距原理演示

[实验目的]

通过激光测距仪的使用和原理的学习,了解激光在现代科技中的应用。

[实验装置]

激光测距仪和钢卷尺。

激光测距仪性能:测量和显示 40 m 范围的距离,精度为 3 mm;具有测直线距离、自动计算长方形面积、长方体体积的功能。

[物理原理]

激光在检测领域中的应用十分广泛,激光测距是激光最早的应用之一。激光具有方向性强、亮度高、单色性好等许多优点。1965 年,前苏联利用激光测地球和月球之间距离(380000 km)误差只有 250 m。1969 年,美国人登月后置反射镜于月面,也用激光测量地月之距,误差只有 15 cm。

激光测距技术按照测程可以分为绝对距离测量法和微位移测量法。绝对距离测量法主要有脉冲式激光测距和相位式激光测距方式;微位移测量法主要有三角法激光测距和干涉法激光测距方式。

脉冲激光测距的原理是:由脉冲激光器发出一持续时间极短的脉冲激光(主波),经过待测距离 L 后射到被测目标,有一部分光会被反射回来,被反射回来的脉冲激光称为回波。回波返回到测距仪,由光电探测器接收。根据主波信号和回波信号之间的间隔,即激光脉冲从激光器到被测目标之间的往返时间 t,就可以算出待测目标的距离。

$$L = \frac{1}{2}ct \tag{1}$$

式中,c 为光速。脉冲法精度一般在米量级。

相位激光测距的原理是:对发射的激光进行光强调制(一般波动用相位、振幅、频率三个基本量表述,光的强度与振幅相关),使发出的激光载有频率较高的调制信号(几百到上千兆赫兹)。通过光电器件和电子电路测量发射光与反射光波形,得到激光在空间传播时调制信号的相位变化量(即发出和接收信号相位差),用相位变化量的测量代替直接测量激光往返所需的时间,计算出该相位延迟所对应的距离,实现距离的测量。可以证明

$$L = \frac{\varphi\lambda}{4\pi} \tag{2}$$

式中,φ 为发出信号与接收信号之间的相位差,λ 为调制波的波长。这种方法精度可达到毫米级。本实验中用到的仪器就是这种原理的仪器。

三角法激光测距是由激光器发出的光线,经过会聚透镜聚焦后入射到被测物体表面上,接收透镜接收来自入射光点处的散射光,并将其成像在光电位置探测器敏感面上。当物体在光学仪器上移动时,通过光点在成像面上的位移来计算出物体移动的相对距离。三角法激光测距的分辨率很高,可以达到微米量级。

干涉法激光测距是通过光学仪器移动被测目标并对相干光进行测量,经干涉条纹的计数完成距离增量的测量,因此干涉法测量的灵敏度非常高,可以达到纳米级。

[演示方法与现象]

1. 介绍激光测距仪基本参数和使用方法。

2. 利用激光测距仪测量近距离的物体距离,用钢卷尺测量同样的距离,比较两者的差距。先用钢卷尺做好标记,物体移动一定距离,用激光测距仪测量距离的变化,估计激光测距仪精度。

3. 利用激光测距仪测量自己的位置(注意用记号标明位置)到黑板的距离,再用米尺测量,计算激光测距仪的误差。

4. 选好适当位置,利用激光测距仪测量教室的面积和体积。

5. 介绍本实验相位激光测距的原理。

[思考题]

1. 简谐振动的波动传播,一个周期传播距离对应波动传播一个波长、相位变化 2π。据此推导式(2)。

2. 激光具有波动特性,能否利用其测量距离? 实验原理介绍的激光测距,哪种方法是利用了这一特性?

[注意事项]

仪器使用前请阅读产品说明书,熟悉仪器使用方法。激光瞬间功率极大,因此严禁对着人头部照射,防止事故产生。

实验 3-33　反射白光全息图

[实验目的]

通过白光全息照片的观察,初步了解全息照片特点和原理。

[实验装置]

反射白光全息图,白炽射灯。

[物理原理]

全息照相发展到现在,可分为四个阶段:第一阶段是用水银灯记录同轴全息图,这时是全息照相的萌芽时期,由于没有好的相干光源,再现像和共轭像不能分离;第二阶段是用激光记录、激光再现的全息照相,能够把原始像和共轭像分离;第三阶段是激光记录、白光再现的全息照相,主要有透射全息、反射全息、彩虹全息等;第四阶段是当前所致力的方向,就是白光记录全息图。

　　尽管全息种类很多,但记录均是利用物光波和参考光波发生干涉时,在全息图附近的空间形成三维条纹。当薄膜厚度小于干涉条纹间距时,我们就把记录的全息图作为一种二维图像来处理,这种类型的全息图称为平面全息图;而当记录材料的厚度是干涉条纹间距若干倍时,则在记录材料体积内将记录下干涉条纹的空间三维分布,这样就形成体积全息(体全息)。白光全息是一种体积全息。

　　体积全息图对于照明光波的衍射作用如同三维光栅的衍射一样。按物光和参考光入射方向和再现方式的不同,体积全息可分为两种。一种是当物光和参考光在记录介质的同一侧入射,得到透射全息图,再现时由照明光的透射光形成全息图像。另一种是物光和参考光从记录介质的两侧入射,得到反射体积全息图,再现时由照明光的反射光形成全息图像。体积全息照相记录过程中利用了物光和参考光的相干光束进行叠加。

　　现以反射式全息为例说明,如图 3 - 61 所示。物光和参考光分别从记录介质(乳胶层)的两侧入射,两束光之间的夹角接近于 180°。因而,在全息记录介质内可建立起驻波,这样形成的干涉条纹接近平行于记录介质的表面。这些干涉条纹实际上是一些平面,垂直于光波传播方向的条纹,即形成了三维分布的空间立体光栅。经过乳胶的感光成像,所形成的高密度三维干涉条纹包含了物光的振幅(对应亮度)、频率(对应颜色)和相位(对应表面起伏形状)。因此,全息图反映出的是被摄物体的立体像。

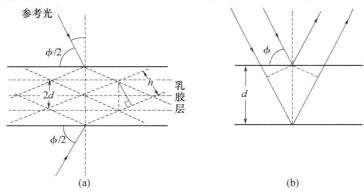

图 3 - 61　体积全息图形成示意图
(a)干涉条纹的形成;(b)物体原始信息的再现

[演示方法与现象]

　　1. 打开白炽射灯,调整好方向,使整个全息图被照射,观察全息照片在白炽灯光的照射下形成像的特点。

　　2. 移动眼睛,前后左右上下地观察全息图,看全息图是否变化。从侧面观察全息照片,估计其厚度。

3. 总结和解释实验现象。

[思考题]

1. 空间发生光的干涉和驻波的各自条件是什么？

2. 用于拍摄全息照片的光源有什么要求？对比普通摄影,全息摄影主要有哪些不同地方？

实验 3 – 34 氢燃料电池演示

[实验目的]

通过氢燃料电池的演示,了解氢燃料电池的原理和特点。

[实验装置]

氢燃料电池实验装置由燃料电池部分和电解水部分组成(含太阳能电板、电解水的电极等),如图 3 – 62 所示。

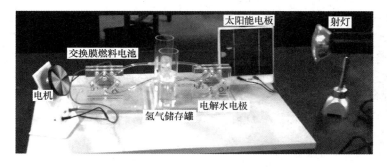

图 3 – 62 实验装置图

[物理原理]

氢燃料电池又称质子交换膜燃料电池,它以氢气为燃料,以空气中氧气为氧化剂,通过电化学反应得到电能,并生成纯净水。氢燃料电池产生电能是电解水的逆反应,如图 3 – 63 所示。

氢燃料电池中质子交换膜,它是能够传导质子的高分子膜。膜的两面涂有阴极和阳极合成材料。在阳极由于电极催化剂的作用,氢气分解成质子和电子(阳极反应式: $2H_2 \rightarrow 4H^+ + 4e^-$)。质子 H^+ 通过质子交换膜移动到阴极一侧。利用外部电路,电子可由阳极流向阴极,形成电流。在阴极的氧气与氢质子化合生成水(阴极反应式: $4e^- + 4H^+ + O_2 \rightarrow 2H_2O$)。燃料电池不受卡诺循环限制,能量转换效率高,洁净、无污染、噪声低,模块结构、积木性强、比功率高,既可以集中供电,也适合分散供电。因此,国外将其作为继火电、水电、核电后的第四代发电方式。

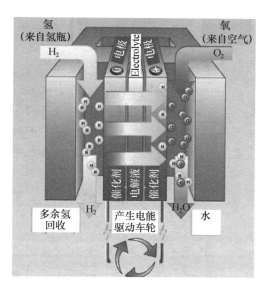

图 3 - 63   质子交换膜燃料电池工作示意图

本实验中,利用灯和太阳能电板组合产生电能,再通过特定电极将水分解为氢气和氧气,制造燃料电池所需的氢气。氢气储存在气瓶中供燃料电池使用。

[演示方法与现象]

1. 将太阳能板的两极用连线与电解水装置相连,风扇与燃料电池电极相连,电解水装置与燃料电池储气容器相连。

2. 打开灯泡电源,使其照射到相距 30 cm 的太阳能板,将水分解为氢气和氧气。将氢气储存,注意观察连通管是否有气体流动。

3. 储存一定氢气后,应看到燃料电池产生电流推动电扇旋转。

4. 关掉电灯,可以看出电扇仍然会旋转,说明燃料电池气瓶还有氢气可供发电。

5. 解释和总结实验现象与过程。

[思考题]

燃料电池中的燃烧反应与常规中的燃烧反应有什么相同与不同? 它与平常的干电池相比有什么不同或优越性?

[注意事项]

为保护具有催化剂作用的质子交换膜与电解水的电极不受污染,实验中所用的水必须是纯净水。

实验 3 - 35   电 致 发 光

[实验目的]

通过 EL 发光线的演示实验,了解电致发光原理。

[实验装置]

EL 发光线、EL 发光板、EL 驱动电源,如图 3 - 64 所示。

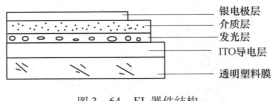

图 3 - 64　EL 器件结构

[物理原理]

电致发光(electroluminescent,英文缩写为 EL)是电能直接转换为光能的一类物理发光现象。按激励电压可分为交流型和直流型。两者都可用粉末的或薄膜的电致发光材料制造。下面介绍常用的交流电致发光。

1936 年,G. 德斯特里尔发现硫化锌在交流电场的作用下产生发光现象,并称之为电致发光。早期的 EL 器件寿命很短,20 世纪 70 年代初期制成高亮度(5100 坎/m²)、长寿命 (3 万小时不衰变)的交流薄膜电致发光线(板)。这种线(板)的发光不仅取决于掺锰的多晶硫化锌层(发光层)的化学物理性质,还取决于硫化锌绝缘夹层(介质层)的击穿强度。EL 器件的光输出直接正比于每个脉冲期间流过电容夹层的电荷、每秒脉冲数和硫化锌薄膜之间的电压,如果采用高介电常数和高击穿强度的薄膜,就可获得高的发光效率。

电致发光线是显示照明领域的新一代产品,外形与普通电线相仿,表层为彩色荧光塑料套管。其特点是工作时连续发光、无任何热辐射,耗电量只有 LED 灯的 50% ~70% ,为白炽串灯的 20% ~40% ,为霓虹灯的 1% ~10% ;柔软、可折叠弯曲、色彩亮丽、颜色丰富;发光直径可在 0.7 ~20 mm 间,360°全角度发光。

[演示方法与现象]

1. 打开电源,介绍 EL 发光线、EL 发光板的特点(包括发光颜色、亮度、功耗、寿命和尺寸厚度等);介绍 EL 发光线、EL 发光板的应用领域。

2. 触摸工作的 EL 发光线,感觉是否发热。关闭电源。

3. 解释和总结实验现象。

[思考题]

电致发光线作为光源可以应用在哪些方面?(可以上网搜索。)

实验 3 - 36　烟雾传感器演示

[实验目的]

通过烟雾探测器的演示实验,了解传感器的基本特点和烟雾探测器工作原理。

[实验装置]

烟雾探测器、蚊香、打火机等,如图 3 − 65 所示。

锔241

图 3 − 65　烟雾传感器的内部结构

[物理原理]

常见的烟雾探测器有光电烟雾探测器和电离烟雾探测器两种类型。下面介绍一般住宅用的电离烟雾探测器。

电离烟雾探测器主要有电离腔和电离辐射源两部分。电离腔由两个电板(两个电板之间加电压)构成,在电离腔中放有放射性源锔 − 241,大约有 0.2 mg 或 0.9 微居里。放射性元素锔的半衰期为 432 年,能产生 α 粒子。当 α 粒子碰撞空气分子,可使电离腔内空气产生电离,出现正、负离子,离子在电场的作用下,各自向正负电极移动,形成电流。在正常的情况下,电离室的电流、电压都是稳定的。一旦有烟雾窜入电离室,干扰了带电粒子的正常运动,电极的电流就会有所改变,破坏了电离室的平衡。根据这个变化,触发报警系统就发出信号。

[演示方法与现象]

1. 点燃蚊香。

2. 将烟雾探测器置于蚊香上方约 10 cm,直至报警器发出声音;然后熄灭蚊香,并移走放好。

3. 介绍烟雾探测器工作原理。

[思考题]

传感器的共同特点是什么? 烟雾探测器是怎样将空气中的成分变化转变为电信号的?

[注意事项]

实验成功后一定要熄灭蚊香,避免警报持续报警。

实验 3 – 37　用计算机研究点光源的光照与距离的关系

[实验目的]

通过光照与距离的关系实验演示和测量,探索光源的光照强度与传播距离的规律。

[实验装置]

计算机实时物理实验仪的组成主要有光电传感器(光探测器)、信号采集电路、计算机及软件等,如图 3 – 66 所示。

图 3 – 66　计算机研究点光源的光照与距离

[物理原理]

一般光源都可以由点光源组成,当光源直径远小于到测量点的距离,就可当成点光源。为了表达光的发射和光的接收功率的强弱,这里引入物理量光强和光照度。光强 I 数值等于光源单位立体角所发出的光通量,单位为坎德拉。光照度 A 数值上等于物体单位面积上得到的光通量,单位为勒克斯。它们满足关系式 $A = \dfrac{I}{r^2}cosi$,式中 i 为被照面的法线与其中心到光源连线间的夹角。当 i 固定,光照度 A 与光源的强度 I 成正比,与接收距离 r 平方成反比。

实验仪器的光探测器采集光照时,显示的电压与光照度 A 成正比,点光源位置和功率是固定的,光探测器位置可以改变。通过计算机软硬件,可测得采集电压大小,再对采集电压或光照度 A 与距离 r 进行数据分析,得出它们之间的关系和规律。

[演示方法与现象]

1. 连接仪器主机的电源、光探测器和计算机。

2. 打开计算机和仪器电源,通过计算机显示屏点击"计算机实测物理实验仪"图标。再选择"点光源"项目,点击"确定"。旋转手柄,使点光源与探测器距离为 5.5 cm。改变仪器 A/D 的 B 通道放大倍数,使初次测量电压值在 1.5 ~ 2.5 之间。每次光照几秒钟后,点击"获取数据"方能得到采集电压数值。5.5 cm 处进行 3 次采集电压,仪器将自动算出 3 个电压的平均值。

3. 然后每增加 5 mm(顺时针转 5 圈),采集 3 次电压值。测量 10 组数据后,点击"描点"。计算机自动描绘电压与距离平方的倒数关系曲线,点击"直线拟合"和"导出数据",计算机自动进行线性回归运算,获可得电压与距离平方的倒数关系的经验公式的参数,由此得到它们的变化规律。

4. 解释和总结实验现象与过程。

［思考题］

1. 实验中为了得到较大的光照度,i 一般取多少?

2. 光探测器就是能够把光强转换为电压的传感器,利用实验室哪些仪器组合也可以完成本实验内容?

实验 3 - 38　LED 彩球演示

［实验目的］

通过 LED 彩球的演示,了解机电光技术的应用。

［实验装置］

LED 彩球的构成主要有机械转动部分、LED 发光部分、计算机控制部分,如图 3 - 67 所示。

图 3 - 67　LED 彩球演示装置

［物理原理］

LED 是半导体发光二极管的简称。随着新材料及半导体工业技术的发展,自 1998 年起新型发光材料 InGaAlP 和 InGaN 应用到 LED,LED 实现了高亮度、多色化,加之封装技术的改进,出现了 LED 产品新的应用领域,其中 LED 显示屏就是发光二极管主要应用领域之一。

实验用的彩球是机电光技术结合的一个产品,现在常用于广告场合。LED 彩球里机械转动部分、LED 发光部分受到计算机控制能在一个球形面上产生变化字符和动画。

彩球的发光部件有多个不同颜色 LED 上下排列,它们分布在弧形的、可以高速旋转的支架上(最高转速约 2300)。支架上每一个发光体 LED 均受彩球中的计算机程序控制。

研究表明,人眼在观察景物时,光信号传入到大脑神经,需经过一段短暂的时间,光的作用结束后,视觉形象并不立即消失,这种残留的视觉称"后像",视觉的这一现象则被称为"视觉暂留"。对于中等亮度的光刺激,人的视觉暂留时间约为 0.05~0.2 s。

当彩球通电工作,怎样在彩球内部形成文字或图案,需要依据人眼视觉暂留时间和人们对成像有何要求(如静止的还是动画等),利用计算机程序控制支架上每个 LED 发光时间长短与发光的空间位置。

设彩球旋转支架的转速是 $n=20$ 转/s 或周期 $T=0.05$ s,其周期小于人的视觉暂留时间。如果一个 LED 的转动半径是 r、发光时间每转控制在 $t=\dfrac{T}{m}$,则该 LED 会在空间 $\varphi=\dfrac{2\pi}{m}$ 弧度或 $l=r\varphi$ 长度上留下光迹。如果 m 是整数则我们看的稳定的光迹,如果比 m 大一点则我们看到的光迹是后退,反之就前进。通过旋转支架上不同的 LED 发光时间控制可以得到文字或图像,人们将每一个 LED 的对应时间事先都编程输入到计算机储存器中,通过这些文字或图像的程序我们就能的到丰富多彩的文字或动画。

[演示方法与现象]

1. 操作者先看遥控器后面操作文字说明,熟悉仪器操作。
2. 先介绍 LED(半导体发光二极管)彩球内部结构和基本功能。
3. 仪器通电,展现彩球的不同主题。
4. 在判别发光体的旋转方向基础上,解释运动静止画面形成条件。

[思考题]

电视或电影节目中画面也是利用视觉暂留效应,由一张张图片组合而成,但是观看画面时都要比我们彩球清晰的多、流畅得多,问造成这种差别的原因主要是什么?

[注意事项]

仪器由于作为光电与计算机结合产品,使用中禁止碰撞、移动;使用时间每次控制在 60s 内。

参 考 文 献

［1］路峻岭.物理演示实验教程［M］.北京:清华大学出版社,2005.

［2］张三慧.大学物理［M］.北京:清华大学出版社,1999.

［3］沈黄晋.物理演示实验教程［M］.北京:科学出版社,2009.

［4］陈汉军.大学物理演示实验教程［M］.成都:西南交通大学出版社,2007.

［5］张智.大学物理演示实验［M］.长沙:湖南大学出版社,2005.

［6］唐贵平.大学物理实验［M］.上海:复旦大学出版社,2007.

［7］马文蔚.物理学原理在工程技术中的应用［M］.北京:高等教育出版社,2006.